Anleitung

zur

Wald-Eintheilung,

Schätzung, Werthberechnung, Buch-, Registratur- und Geschäftsführung

erläutert

durch das Beispiel an einem Kiefernforst

nach der in den Preußischen Staatsforsten üblichen Praxis

für

größere und kleinere Privatforstbesitzer, Landwirthe, welche Waldbesitzer, Forstbeamte und junge Forstleute

von

Middeldorpf,

Kgl. Preuß. Oberförster in Pütt bei Stettin.

Mit einer sauber ausgeführten Karte und in den Text gedruckten

Springer-Verlag Berlin Heidelberg GmbH 1868

ISBN 978-3-642-51903-1   ISBN 978-3-642-51965-9 (eBook)
DOI 10.1007/978-3-642-51965-9

Vorwort.

Nachdem das landwirthschaftliche Centralblatt von Krocker in Berlin von Zeit zu Zeit forstliche, für das Bedürfniß waldbesitzender Landwirthe berechnete Artikel des Unterzeichneten gebracht hatte, lag der Anlaß nahe, diesem Publikum auch die Regeln der Wald=Begrenzung, Ein= theilung, Schätzung 2c. zugänglich zu machen. Trotz möglichster Kürze, welche in der Durchführung des Beispiels an einem Kiefernforst angestrebt wurde, fiel die Fassung der Regeln der Waldbegrenzung 2c. doch für das Centralblatt zu umfangreich aus. Dieser Umstand war Ursache, daß das Buch selbstständig und durch eine Anleitung zur Buchführung, an der es bis jetzt mangelt, vermehrt, erscheint. In dieser Beziehung dürfte es, da die bewährte Praxis der Preuß. Staatsforstverwaltung überall als Norm diente, den Forstbeamten der neuen preußischen Provinzen, als Anhalt und bei den zur Zeit noch nicht vorhandenen General=Acten als Führer durch den Geschäftsbetrieb nicht unwillkommen sein.

Es muß hier noch hervorgehoben werden, das die pag. 29 empfohlene Anwendung des Waldpfluges besonders im Kiefernforst, und wo weder Stein= noch Moorboden hindert, von großer, noch nicht vollkommen ge= würdigter Bedeutung überall da ist, wo auf geringem Boden den Pflanzen ein feuchter und vor Dürre geschützter Standort bereitet werden soll. — Der Landwirth stürzt sein Land im Herbst, der Forstwirth gräbt seine Kämpe im Herbst, beide um den Boden der Winterfeuchtigkeit und allen anderen wohlthätigen Einflüssen der Luft zu erschließen; es muß daher aus gleichen Gründen die Waldpflugarbeit (und auch das Streifen= oder Furchenhacken) im Herbste vorgenommen werden und derselben sofort je nach Bedürfniß die tiefere oder flachere Bodenlockerung folgen. Nicht blos für die Saat, sondern auch besonders für die Pflanzung 1 jähriger und 2 jähriger Kiefern ist die muldenförmig gehöhlte Waldpflugfurche die beste Bodenvorbereitung. Zur Pflanzung dient das von dem Herrn Oberforst= meister Wartenberg nach dem von Buttlar'schen Pflanzeisen mobi= ficirte pag. 33 beschriebene Pflanzeisen, welchem ausgedehnte wohlgerathene Pflanzungen der Reg.=Bez. Marienwerder und Stettin ihr Dasein ver= danken, welches wohlfeil ist und wohlfeil, aber mit dem sichersten Erfolge arbeitet.

Während Abschnitt I. besonders für Laien berechnet ist, ist Ab= schnitt III. mehr dem Bedürfniß von Forstmännern von Profession angepaßt.

Da noch im Laufe des Druckes einige Zusätze erforderlich schienen, welche im Text nicht mehr Platz fanden, so hat die logische Anordnung etwas gelitten, doch findet man sich nach dem Inhaltsverzeichniß leicht zurecht. —

Forsthaus Pütt bei Stettin (Post Lübzin)
im Juni 1868.

Middeldorpf.

Inhalt.

Seite   Anlage

Abſchnitt II.
Bemerkungen über andere Betriebsarten, Hölzer und Nebennutzungen.

Abſchnitt III.
Buch-, Regiſtratur und Geſchäftsführung.

Berichtigungen.

Seite 2 Zeile 21 v. o. statt: gegeben. Da die meisten lies: gegeben, da die meisten
„ 2 „ 3 v. u. „ Siegers lies: Sieges
„ 4 „ 2 v. u. „ sich auf lies: sich auch
„ 7 „ 1 v. o. „ Rechtecken lies: Rechtecke
„ 16 „ 16 v. o. „ Die Formzahl F lies: Die Formzahl f
„ 20 „ 8 v. u. Die Ueberschrift „Taxations-Revision" fällt weg.
„ 24 „ 12 v. u. statt: einen Anfang lies: am Anfang

„ 25 „ 7. 8 v. u. „ $_{36}/_{284}\,248$ lies: $\dfrac{248}{36}{284}$

„ 26 „ 17 v. o. „ 3. Culturen…75   3. Culturen…78
1115 Thlr. 20 Sgr. lies: 1112 Thlr. 20 Sgr.
1116 Thlr.   1113 Thlr.

„ 27 „ 19 v. o. „ Dürren lies: Dürre
„ 27 „ 20 v. o. „ gefährlicher sind lies: gefährlicher ist
„ 31 „ 14 v. o. „ ausgedorrte lies: ausgedorrten
„ 33 „ 2 v. u. „ das Eisen selbst 1½ Fuß lies: das Eisen selbst 13 Zoll
„ 35 „ 20 v. u. „ Pflanzeisens bei Nachbesserungen; lies: Pflanzeisens; bei Nachbesserungen
„ 40 „ 4 v. u. „ Laubholz, Birken lies: Laubholz, besonders Birken
„ 43 „ 13 v. u. „ 39,534 lies: 40,534
14 v. u. „ 6589 lies: 6755
„ 44 „ 2 v. o. „ 660 Thlr. lies: 600 Thlr.
„ 4 „ „ 12,111 „ „ 7340 „
„ 5 „ „ 39,731 „ „ 45316 „
„ 6 „ „ 1180 „ „ 1346 „
„ 8 „ „ 40,911 „ „ 46,662 „
„ 8 „ „ 24 „ „ 28 „
„ 51 „ 14 v. u. „ Esche. Holz für Landwirthe. lies: Weide. Eiche. Holz für Landwirthe.
„ 55 „ 14 v. u. „ Absenker-Zweige lies: Absenker, Zweige
„ 67 „ 4 v. o. „ jeder Stamm lies: jeden Stamm
„ 81 „ 9 v. o. Der Satz: In unserem — aufgestellt. fällt weg.
„ 103 „ 10 v. u. statt: 1619 Morgen lies: 1679 Morgen
„ 131 Vermerk: z. B. statt: 60 lies: 35
90   60
80   90
35   80
35

In der heutigen Zeit zeigen sich im geistigen Leben zwei Richtungen. Während die Fachgelehrten, namentlich die das weite Feld der Naturwissenschaften Anbauenden immer mehr in das Studium des Speziellen dringen und ihre Kräfte auf ein eng bestimmtes und begrenztes Feld concentriren, sucht sich der Stand der Gebildeten in encyclopädischer Weise womöglich eine, wenn auch nur oberflächliche Kenntniß von allem, was in der geistigen Sphäre an's Tageslicht gefördert wird, zu verschaffen. Die Hülfsmittel hierzu werden vielfach und wohlfeil durch die Tagespresse, Literatur und die Bequemlichkeit und Leichtigkeit des Reisens geboten. Vor 50 Jahren hatten wir an jeder Universität vielleicht einen Professor der Naturwissenschaften; heut zu Tage die vier- bis fünffache Anzahl, da es gilt in den Schacht des Wissens, der, je tiefer wir ihn erforschen, desto tiefer sich zeigt, hinabzusteigen. Der Pflanzen-Physiologe hat z. B. keine Zeit, wenn er etwas leisten soll, sich mit der descriptiven Botanik zu beschäftigen und wenn daher jetzt schon zwei getrennte Lehrstühle erforderlich sind, so werden in vielleicht nicht ferner Zeit einzelne Genera und Species von Naturkörpern die ganze Kraft und das ganze Leben eines fleißigen Gelehrten in Anspruch nehmen. Hier z. B. im Stande der Gelehrten wird also immer mehr specialisirt und im Kreise der übrigen gebildeten Menschen immer mehr und mehr generalisirt und an der Oberfläche geschöpft werden. Man will von Allem etwas wissen, über Alles mitsprechen und ein Urtheil haben. Im Allgemeinen ist dieses Streben mit der mehr und mehr steigernden und sich verallgemeinernden Bildung berechtigt; es ist nur soweit bedenklich und gefährlich, wenn es in Sucht nach Vielwisserei ausartet und unsere geistigen Kräfte von unserer Hauptthätigkeit ablenkt und wir Kräfte und Zeit auf einem fremden Felde zersplittern. — Manche Berufsfelder grenzen aber so nahe an einander, daß man, wenn man das eine anbaut, unmöglich fremd auf dem anderen sein kann. Der Uhrmacher und Maschinenbauer, der Maler und Bildhauer cultiviren Künste, die nahe an einander grenzen 2c. und so ist auch der Land- und der Forstwirth schon um deshalb nahe verwandt, da beide als Fundament ihres Wirkens den Boden haben, jener im kurzen 1jährigen Umtriebe, dieser im langen 120jährigen wirthschaftet, jener schnell und oft, dieser langsam und mühsam Erfahrungen sammelt. Daher ist denn die Forstwirthschaft gegen den Landbau noch zurück, der übrigens auch erst seit kaum länger als 50 Jahren, als das Gestirn Thaers aufging, einen wissenschaftlichen Bearbeiter fand. Viele Fragen der Bodenkunde und Klimatik 2c. berühren mit gleichem Interesse den Land= und Forstmann und beide müssen daher Verständniß und Kenntniß für ihre beiderseitigen Disciplinen haben. Die meisten Forstleute haben übrigens Dienstland und müssen oft mit großem Scharfsinn und Energie operiren, um ihrem oft ungünstig belegenen und mageren Lande eine möglichst hohe Boden= rente heraus zu pressen. Umgekehrt sind aber auch viele Landwirthe, im Besitz von Forsten, von deren richtigen Behandlung ihr Wohl und Wehe in gleichem Maße abhängt, als von dem richtigen und intensiven Betriebe ihrer Landwirth= schaft. Und wenn sie selbst ihren Forst, was in Nachfolgendem durch ein Bei= spiel gelehrt wird, nicht selbst eintheilen und abschätzen wollen, so müssen sie doch jedenfalls ein Urtheil haben, wenn diese Arbeit durch einen Fremden be= sorgt wird und der Förster dem Gutsherrn Vorschläge zu Hauungen und Cul= turen macht. Zum Verständniß des Nachfolgenden gehören nicht gelehrte forst= männische Kenntnisse, sondern einfach der gesunde Menschenverstand des gebil= deten Mannes, ein gewisser practischer Sinn, der ja allen Landwirthen inne wohnt und von mathematischen Kenntnissen das Rechnen mit Decimalbrüchen*). Das Beispiel ist für einen ebenen Kiefernforst gegeben. Da die meisten unserer Wälder aus dieser Holzart bestehen und da, wer das Beispiel des Kiefernforstes verstanden hat, sich auch in Verhältnisse zu finden wissen wird, wo andere Holzarten auftreten. Ueberdies ist im Laufe der Anleitung mehrfach Gelegen= heit genommen, Manches für die Bewirthschaftung und Behandlung anderer Holzarten als Kiefern maßgebende mitzutheilen. — Zur Veranschaulichung des Beispiels ist eine (geometrisch nicht genaue) Karte (Anlage A.) und ein Heft (Anlage B.) mit dem Titel: „Specielle Beschreibung, Ertragsberechnung und Betriebsplan für den Hochwald Block I. des Rittergutes Grünwald beigegeben.

Grenzen.

Bei jedem Besitzthum von Grund und Boden ist die Sicherung der Grenzen das erste Erforderniß. Sind sie strittig, so wird man Klarheit herbeiführen müssen im Wege des Vergleichs womöglich, denn ein magerer Vergleich ist besser als ein fetter Prozeß und erst im Nothfalle richterliche Hülfe in Anspruch nehmen, die selbst im besten Falle, dem des Siegers, kostbar ist. Alte Karten,

---

*) Die Schrift war ursprünglich für ein landwirthschaftliches Journal und nur für den Leserkreis waldbesitzender Landwirthe bestimmt.

Documente, Zeugenaussagen alter Leute, vor Allem aber die Prüfung des Lo-
kales an Ort und Stelle sind Beweismittel. Grenzhügel müssen, um bei eventuellen Grenzstreitigkeiten gerichtlichen Glauben zu haben und als Grenzhügel
anerkannt zu werden, mit Steinen, Scherben von Glas 2c. in ihrem Grunde
versehen sein. — Ehe man die definitive Begrenzung durch Male vornimmt,
wird es sich in vielen Fällen empfehlen, durch Ankauf oder Tausch die Grenze
möglichst gerade zu reguliren. So wird im vorliegenden Falle möglicherweise
an den Jagen 1 und 7 das fremde einspringende Terrain einzutauschen oder
anzukaufen sein und zwar ersteres durch Abtretung eines in Boden und Be-
standsgüte gleich werthen Theiles des Jagens 3. — Auch würde es zur Arron-
dirung des Forstes beitragen, wenn das bei Jagen 20 und 21 einspringende
Terrain erworben würde; nicht minder bei Jagen 17. Endlich könnte auch bei
Jagen 6, 12, 18 das Wald-Terrain durch Ankauf von Boden parallel Gestell c
angemessen arrondirt und dabei der Weg an die Grenze gelegt werden. Der
Waldbesitzer muß mit allen Kräften bestrebt sein, seinen Forst nach außen und
wenn er Enklaven hat, auch nach innen zweckentsprechend zu arrondiren und
schließlich auch im vorliegenden Falle an den Jagen 1. 2. 3. 4. eine mit Gestell A. paralllee Grenze herzustellen suchen. Es versteht sich, daß die dabei zu
bringenden Opfer nur verhältnißmäßige sein dürfen und den Werth des zu
erwerbenden Objectes nicht übersteigen dürfen. Kleine Flächen werden dabei
im Allgemeinen theurer bezahlt werden können, als große zusammenhängende
und anzukaufende Complexe. Oft ist auch die Sache des Ankaufes oder Tausches
nur eine Zeitfrage, und der Nachbar, welcher heute keine Lust bezeugt, ändert
seine Ansicht. Zuweilen kann man ein vortheilhaftes Geschäft dabei machen,
daß man besseren Boden gegen eine größere Fläche schlechteren, aber noch immer
guten brauchbaren Waldbodens abtritt und nicht nur sein Wald-Areal arrondirt, sondern auch noch vergrößert. — Bei diesen Arrondirungen dürfen wir
auch derjenigen nicht vergessen, welche vorzunehmen sind, wenn Feld und Wald
des Forstbesitzers an einander stoßen und in ihren Grenzen zweckmäßige Tausch-
geschäfte stattfinden zwischen einem und demselben Besitzer. Gerade Grenzen
sind leicht zu schützen und erfordern weniger Grenzmale, also auch weniger
Unterhaltungskosten. Winklichte Grenzen haben ferner den großen Nachtheil,
daß sie im eigenen Forst und auf dem Nachbar-Terrain durch Verschattung
mehr schädlich werden, als gerade laufende Grenzzüge. —

Als Grenzmale hat man gewöhnlich Hügel, Steine, Pfähle, Gräben.
Große Steine sind in manchen Gegenden sehr kostbar, aber das beste, die
Zeiten überdauernde Material, was im Gebirge stets zur Begrenzung angewendet
wird. In der Ebene werden Grenzhügel, nicht unter ½ Rth. Durchmesser, mit
Rasen belegt, und in Sandboden mit einem Flechtzaun und Prellpfählen versehen,
und wenn kleinere Steine zu beschaffen sind, dergleichen auf ihrem Gipfel an-

gewendet. Diese Steine können, wenn sie groß genug, ca. 3—4 Fuß lang sind, in der Mitte des dann fortzuhebenden Hügels gesetzt werden. Dies empfiehlt sich namentlich dann, wenn der Grenzhügel sandig und Beschädigungen durch Fuhr=werk, Vieh 2c. ausgesetzt ist, daher an Eckpunkten, wo Wege, Fußsteige 2c. an=stoßen. Die Steine werden, wenn sie klein sind, auf den Gipfel des Hügels ge=setzt; mögen sie aber groß oder klein sein, so müssen sie der Orientirung wegen auf der glatten Fläche mit einem weißen Oelfarbenschild und schwarzen Oel=farbenbuchstaben versehen werden. Dies kostet wenig und dauert lange Jahre. Setzt man Pfähle 2 Fuß in der Erde, 3 Fuß über derselben vierkantig, so werden sie, der längeren Dauer wegen, soweit sie in die Erde kommen, ange=kohlt. — Die Ordnung erfordert, daß die Grenzen von den Förstern alle Quartale, von dem Oberförster alle Jahre, von den Inpectionsbeamten alle 5 Jahre speziell revidirt werden. Unter U. ist in der Anlage ein Formular zu einem vorschriftsmäßigen Förster=Grenzrapport, denn der noch an vielen Orten übliche summarische Rapport: die Grenze ist in Ordnung, genügt nicht. — Ueber die Menge der Grenzmale entscheidet die Form der Grenze; alle Winkel=punkte müssen mit Grenzmalen versehen sein, und bei langen, geraden Grenz=rücken werden Hügel von 50 zu 50 Rth. genügen. Es ist zur Sicherung der Grenze von der größten Wichtigkeit, die Grenzmale durch, wenn auch nur schmale Gräben zu verbinden, die im nassen Boden nebenbei zur Entwässerung und endlich auch als Mittel dienen, um die Holzdiebe vom Betreten des Forstes mit Wagen abzuhalten. Es versteht sich, daß die Visirlinie zwischen den Grenzmalen von Holz frei sein und daher namentlich bei Laubholz öfter frei zu hauen ist. Um die Grenze zu sichern, ist es wünschenswerth, durch einen vereideten Feldmesser Grenz=Beziehungs=Protokolle aufnehmen zu lassen. Diese müssen die Angabe der Art des Grenzmales enthalten, die Entfernung in Ruthen und Fuß der Male von einander und die Grade der Abweichungen vom magnetischen Meridian und gerichtlich von beiden Seiten in einem Lokal=Termin vollzogen werden.

Karten.

Gewöhnlich pflegt von jedem Gute und von dem dazu gehörigen Walde eine Karte vorhanden zu sein. Selbst wenn die Karte im Verlauf der Zeit auch gelitten haben sollte, so kann sie doch noch immer für forstliche Zwecke genügend brauchbar sein, während sie für Zwecke der Grundsteuer, der Servitut=Abfindung 2c., nicht mehr brauchbar ist. Wenn die Karte in einem großen Maaßstab gezeichnet ist, also z. B. in dem, wo 20, 25, 40, 50 Rth. auf einen Dezimalzoll gehen, dann ist es wünschenswerth, sich auf eine kleinere Karte durch Reduction, wenn auch nur nach dem Augenmaß, für die forstlichen Zwecke anzufertigen, auf welcher 200 bis 250 Rth. gleich einem Dezimalzoll sind. Will man eine kleine Ausgabe nicht scheuen, dann wird ein Geometer, die nach beendetem Grundsteuer-Geschäft nach Arbeit suchen, die Reduction für ein Billiges übernehmen. — Ist gar keine Karte vorhanden, dann muß durch Neumessung eine dergleichen beschafft werden, denn ohne die Fläche eines Forstes zu wissen, kann eine geregelte Forstwirthschaft nicht betrieben werden. — In dem Falle der Neumessung wird es sich empfehlen, eine Karte im Maaßstab von 50° = 0,01° dc. und eine reducirte Karte im Maaßstab von 250° = 0,01° dc. zu beschaffen. Gewöhnlich fertigt man für forstliche Zwecke mehre reducirte Karten an, und zwar:

1. Bestandskarte, Nadelholz grau, Eichen gelb, Buchen braun, Erlen grün in 6 Farbenabstufungen je nach dem Alter von 20 zu 20 Jahr, je älter desto dunkler;

2. Wirthschaftskarte, in der Farbe der Holzart ohne Farbenabstufung; die Periode-Nummer (Zeit des Hiebes) durch farbige schmale Ränder an den Jagen und Abtheilungs-Grenzen bezeichnet. Diese Karte giebt die Wirthschaft im I. Umtriebe an.

3. Hauungsplankarte. Colorirt wie Karte 1, die Wirthschaft des II. Umtriebes darstellend.

4. Servitutenkarte, wenn deren viele und namentlich Weide-Gerecht-same auf dem Forste lasten, zur Darstellung der oft in einander greifenden Weide-Reviere.

5. Orientirungskarte in sehr kleinem Maaßstab für parzellirte Forsten, nur die Lage der einzelnen Parzellen zu einander darzustellen.

Die Karten ad 1—3 sind die gewöhnlichsten. Wir fassen die Karten ad 1—3 in unserer Karte in der Art zusammen, daß wir in die Bestandskarte mit römischen schwarzen Ziffern die Periode-Nummern des ersten und mit römischen rothen Ziffern die Perioden des zweiten Umtriebes eintragen. Die Karten ad 4 und 5 bedürfen wir gar nicht, denn unser Grünwalder Forst ist servitutfrei und zusammenliegend. —

Eintheilung.

Unter der Annahme, daß der Forst in seinen Außengrenzen und mit den denselben durchlaufenden Wegen vermessen und kartirt und die Gesammtfläche desselben bekannt sei, kann man zur Eintheilung schreiten. Der Forst, durch-weg mit Kiefern bestanden, hat excl. der Wege nach Karte und dem der Raum-ersparniß wegen nicht beigefügten Vermessungs-Register einen Flächeninhalt von 1679 Morgen, und es frägt sich, in welcher Art derselbe in der zweckent-sprechendsten Weise einzutheilen sein wird. Die beiden Hauptfactoren, welche

allem Irdischen als Grenze dienen, Raum und Zeit sind die Basis der Wald=
Eintheilung und Schätzung; der Raum, insofern der Waldkörper in kleinere
Theile je nach dem Bedürfniß zerfällt, welche man Jagen, Distrikte, Wirth=
schaftsfiguren 2c. nennt, und die Zeit, insofern man die Benutzung des in den
Jagen 2c. vorhandenen Holzes bestimmten Zeiten (Perioden) überweist. Mit
Bezug auf diese Raum= und Zeittheilung nennt man die darauf gegründeten
Eintheilungs= und Schätzungs=Methoden der Forsten Fachwerks=Methoden. Man
ermittelt nicht für jedes Jahr die zu hauenden Schläge, da man dadurch die Wirth=
schaft widernatürlich beengen und derselben die durch die Verhältnisse gebotene freie
Disposition und Wahl der jedesmaligen Jahresschläge benehmen würde, sondern
faßt größere Flächen in Zeiträume, die in unserem Beispiel auf je 20 Jahre (20jäh=
rige Perioden) bemessen sind, zusammen. Für die Bildung der Wirthschaftsfiguren
ist die gegenwärtige Bestandesbeschaffenheit weniger maaßgebend, als die Rück=
sicht auf dauernde Boden= und Form=Verhältnisse des Waldkörpers, die Trennung
der zu erziehenden Bestände, auch wohl die vorhandenen Wege, und was in
unserem trockenen Kiefernforst, den wir als Beispiel wählten, wegfällt, das
Grabensystem zur Entwässerung des Waldes. Die Eintheilung eines Forstes
hat außerdem zum Zweck, die Orientirung im Walde, die Herstellung gleich=
mäßiger Bestände in den Wirthschaftsfiguren, die Sicherung vor den Ge=
fahren des Feuers, der Insekten und des Windes, und ist entweder eine natür=
liche durch Wege, Schluchten, Höhenzüge, Gewässer, Gräben 2c., oder wie im
vorliegenden Falle eine künstliche durch sogenannte Gestelle oder Schneißen,
endlich auch eine aus beiden zusammengesetzte. Die fünf in dem vorliegenden
Walde laufenden Wege werden zum Zwecke der Eintheilung nicht genügen, wie
uns die Ansicht der Karte ergiebt, und da natürliche Grenzen, wie Schluchten,
Höhenzüge, Gewässer, Gräben in unserem vorliegenden Beispiel eines ebenen
Kiefernforstes fehlen, so sind wir nothgedrungen an eine künstliche Eintheilung
gewiesen. Wir haben zunächst und namentlich im vorliegenden Beispiele einen
Kiefernforst im Auge; in diesem ist eine Eintheilung in Quadrate oder Recht=
ecke am angemessensten. Von welcher Größe dieselben zu bilden sind, richtet
sich nach der Form und der Größe des ganzen Waldkörpers. Ohne ins Ein=
zelne eingehen zu können, oder für alle Verhältnisse eine General=Regel ertheilen
zu wollen, kann man annehmen, daß bei einem Forst von 1000 Morgen und
darüber am besten circa 100 Morgen große Quadrate oder Rechtecke als Wirth=
schaftsganze zu wählen sind. Diese Figuren bezeichnen wir mit dem Namen
Jagen, da sie auch zu Jagdzwecken, resp. Aufstellung der Treiber und Schützen
dienen. Während wir in unserem Grünwalder Forst den Jagen annähernd
100 Morgen Größe geben, steigt man im Buchenhochwalde bis auf 120 Morgen,
während man in Fichten unter die Größe von 100 Morgen herabgeht. Die
Jagen in unserm Beispiel=Forst sind ohngefähr Quadrate von circa 100 Mor=

gen. Man wählt auch, wie wir sagten, oft eine Eintheilung in Rechtecken, deren Längsseite die doppelte Breitseite betragen. Diese Form wird deshalb gewählt, um in Nadelholzforsten lange und schmale Schläge führen zu können, die den Vortheil haben, daß die stehende Holzwand die Selbstbesaamung vermittelt, und daß die Schläge Schutz vor Dürre haben, welche auf breiten Schlägen große Verluste an Pflanzen herbeiführt. Wir müssen die Theilungslinien (Schneißen, Gestelle) so führen, daß sie auch als Holzabfuhrwege zu benutzen sind, wenn anders das Terrain dies gestattet, denn durch Sümpfe oder über steile Berge kann man keine bequeme Holzabfuhrwege führen. Auf diese Weise werden wir manche alten Wege cassiren können, denn abgesehen, daß wir mit Recht und sprüchwörtlich sagen: „jemehr Wege, desto mehr Holzdiebe", so verlieren wir auch durch die Wege an Holz producirender Fläche, während wir doch bestrebt sein müssen, möglichst viel Holz zu erziehen. Es ist allerdings zu berücksichtigen, daß durch den Einfluß des Lichtes an den Theilungslinien (Gestellen) das Holz stärker zuwächst und die Opfer an Fläche durch den stärkeren Zuwachs einigermaßen ausgeglichen werden. Im vorliegenden Beispiel werden wir die Wege nicht auf die Gestelle verlegen und nur im Jagen 18 den Weg an der Grenze entlang statt zwischen a und c führen können.

Umtrieb.

Auf die Größe der Jagen ist von wesentlichem Einfluß der Umtrieb, d. h. das Alter, welches wir unseren Forst erreichen lassen wollen. Je kleiner der Forst und je höher der Umtrieb, desto kleiner werden die Wirthschaftsfiguren resp. Jagen ausfallen. In den meisten Fällen wird der Umtrieb bestimmt durch das physikalische Haubarkeitsalter des Holzes, d. h. die Zeit, in welcher dasselbe den höchsten Grad seiner Vollkommenheit erreicht und von welchem ab der Zuwachs, wie wir Forstleute sagen, sinkt. Ein Stillstand ist bekanntlich nicht in der Natur, sondern entweder Fortschritt oder Rückschritt und Tod. Dieses physikalische Haubarkeitsalter ist zu unterscheiden von dem sogenannten finanziellen, d. h. dem, bei welchem das Holz den höchsten Geldertrag giebt. Das physikalische Haubarkeitsalter und das finanzielle fallen nicht immer zusammen, denn man kann unter Umständen einen Kiefernforst am besten mit 80 Jahren nutzen, während sein physikalisches Haubarkeitsalter weit später und zwar durchschnittlich mit 120 Jahren eintritt. — Im Allgemeinen kann man wohl behaupten, daß die mittleren Altersklassen, also das Holz von 60 bis 80 Jahren, die meiste Holzmasse und mehr Holzmasse enthalten, als beim höheren Alter und selbst dem von 120 Jahren; gleichwohl ist das ältere Holz werthvoller und ein Umtrieb von 80 Jahren nur da gerechtfertigt, wo man auf guten resp. sich steigernden Brennholz-Absatz mit Sicherheit auf lange Zeit hinaus rechnen kann. Bei der Ausbeutung der Surrogate, die mittelst der vermehrten Communications-Mittel ein Sinken des Brennholz-Werthes mit Sicherheit in Aussicht stellen, ist daher in unserem Beispiels-Forste ein kurzer Umtrieb von 80 Jahren nicht gerathen, sondern wir müssen denselben auf 120 Jahre bemessen, um starkes Bauholz zum Verkauf und für den eigenen Bedarf zu haben. Holz verträgt bei seinem großen Volumen und bei seinen gegenwärtig im Allgemeinen noch niedrigen Preisen keinen weiten Transport; nur für sehr starkes, werthvolles Holz und Schnittwaren ist ein Eisenbahntransport möglich. Wir werden daher mit den vorhandenen Vorräthen unseres Grünwalder Forstes 120 Jahre wirthschaften. Die Gestelle sind Haupt- und Neben-, oder Feuer-Gestelle, jene A, B, C, diese a, b, c, d, e, jene von Ost nach West, diese von Nord nach Süd laufend, eine Ruthe breit. In gleicher Weise numeriren wir die Jagen, so daß dieselben von Nr. 1 in S. O. bis nach Nr. 21 in N. W. laufen. Entweder mit Pfählen, welche, soweit sie in die Erde kommen, anzukohlen sind, damit sie länger halten, oder durch Steine auf zwei entgegengesetzten Eckpunkten sind die Jagen durch Buchstaben und Nummern mit Oelfarbe (conf. die Hügel), zu bezeichnen z. B. Jagen 1 an der Ecke von 1, 2, 7, 8 mit 2 Pfählen resp. 2 Steinen. A, a, 1, 2, — A, a, 7, 8, — an Jagen 2, 3, 8, 9, A, b, 8, 9, — A, b, 2, 3, :c. In der Mitte unseres Waldes werden die Jagen annähernd alle 100 Mrg., an den Rändern, je nach der Form der Grenze, allermeist weniger Fläche haben. — Es wird dem Zwecke sehr förderlich sein, wenn wir die Gestelle so führen können, daß wir möglichst gleichaltriges Holz in jedes Jagen zusammen bringen, und wenn wir dabei auch gleiche, oder möglichst gleiche Boden-Ver-hältnisse in jedem Jagen haben, dann wird den Zwecken unseres Wirthschafts-planes erheblich Vorschub geleistet werden. Wir streben nämlich danach, in jedem Jagen, entweder im I. Umtriebe, d. h. innerhalb 120 Jahren, oder doch im II. Umtrieb einen gleichaltrigen Bestand derselben Holzart zu erziehen. Dieser Zweck wird durch den Wirthschaftsplan, spezielle Beschreibung :c. angestrebt und davon noch weiter unten ausführlicher die Rede sein.

Bestandsaufnahme.

Um zu erfahren, wie viel wir jährlich Holz hauen können, müssen wir

1. die Fläche unseres Waldes wissen,

2. den Holzwerth auf dieser Fläche.

Da unser Forst 1679 Morgen groß ist, und wir denselben in 120jährigem Umtriebe bewirthschaften wollen, so würden wir $^{1679}/_{120}$ Morgen $= 14$ Morgen jährlich hauen können. Wir würden also von unserem ältesten Holze, welches das Alter von 120 Jahren erreicht hat, alle Jahre 14 Morgen einschlagen. Dieser Ein-schlag muß aber in einer bestimmten Reihenfolge geschehen, um allmählig einen geordneten Bestand des Waldes im Laufe des I. Umtriebes vorzubereiten, und im II. Umtriebe herbeizuführen. Um dieses Ziel zu erreichen, ist eine Bestands=aufnahme des Holzbestandes in jedem einzelnen Jagen getrennt unerläßlich. Jeder Wald ist ein Capital. Jeder Waldbesitzer muß wie der gute Hausvater den Umfang seines Capitals wissen, welches bezüglich des Grundstockes und der Zinsen nicht in Thalern und Groschen, sondern in Bäumen besteht. Wenn wir auch unser Geld=Capital zählen können, so sind wir doch nicht im Stande, jede Holzpflanze im Walde zu zählen, sondern wir beschränken uns nur darauf, das älteste Holz, welches wir im Laufe der nächsten 20 Jahre einschlagen wollen, nach seiner Masse zu ermitteln.

In jedem Jagen trennen wir zunächst das nach Boden, Alter, Beschaffen=heit von einander verschiedene Holz. Diese Trennung wird wie z. B. in Jagen 2 schon vorhanden sein durch den durchführenden Weg, und demnach Jagen 2 in 2 Abtheilungen a und b zerfallen. Verschiedenheiten in Boden, Alter, Be=schaffenheit, welche 1 Morgen nicht übersteigen, werden außer Acht gelassen. — Sind keine natürlichen Grenzen wie Wege 2c. vorhanden, dann bildet man durch möglichst gerade und kleine Differenzen außer Acht lassende schmal durch=gehauene Linien, die man durch Pflöcke, Steine oder Schalme bezeichnet, Ab=theilungslinien z. B. Jagen 10 a, b, c, d. Jagen 8 c, d, e, f. Jede Abtheilung, welche eine von der nebenliegenden Abtheilung getrennte Behandlung resp. Be=wirthschaftung erfordert, wird getrennt, also die nicht einer und derselben Periode zu überweisende, nicht minder die Abtheilung, welche jetzt im Alter, Schluß, Wuchs, Boden erheblich verschieden und über 1 Mrg. groß ist. Die Abtheilungen werden mit den kleinen Buchstaben des lateinischen Alphabetes bezeichnet, in der Reihenfolge von Südosten nach Nordwesten, was in unserem vorliegenden Bei=spiel übrigens nicht ganz streng inne gehalten ist. Dem Boden nach wird unser Kiefernforst in fünf Klassen eingetheilt. Mehr Klassen zu wählen, würde zu subtile, kaum erkennbare Unterschiede veranlassen; eine geringere Klassenzahl aber die vorhandenen Bodenverschiedenheiten und ihrem Einfluß auf den Holz=wuchs nicht genügend trennen. Die mineralische Bodenmischung resp. sein Gehalt an Lehm und Sand bildet die Grundlage für die verschiedenen Klassen. Der Ausdruck des besseren oder schlechteren Bodens ist in der Menge des auf demselben erwachsenden Holzes gegeben. Die Bodenklassen für Kiefern laufen vom lehmigen Boden Klasse I., welcher bei 120 Jahren 50 und einige Klaftern Holz liefert und in unserem Forst nicht vorhanden ist, durch die nur sparsam vertretene Klasse II. (lehmiger Sandboden) 48½ Klafter Abtriebs=Ertrag bei 120 Jahren bis zur V. Klasse dürren Sandboden mit 16½ Klafter Abtriebs=Ertrag. In der Anlage werden diese fünf Bodenklassen und ihre Erträge in sogenannten Erfahrungstafeln, welche der verstorbene hoch verdiente Oberforst=rath Pfeil für die Kiefernforste des nordöstlichen Deutschland auf Grund sorg=

famer Prüfung zufammenftellte, in den einzelnen Jahren nachgewiefen. Am ftärkften vertreten ift in unferem Forft die III. Kiefernbodenklaffe, welche im Alter von 120 Jahren 37½ Klafter Abtriebs = Ertrag hat auf einem Boden, welcher des Lehmgehalts vollftändig ermangelnd, ein ziemlich frifcher und für die Kiefer noch wohlgeeigneter Sandboden ift.

Jagen 2 a, 51 Morgen groß, ift Boden III. Klaffe, während 2 b IV. Klaffe ift. Es kann alfo a und b nicht zufammengeworfen werden, denn a wird uns höhere Erträge als b geben. Um ein deutliches Bild des Bodens zu liefern, ift die Form feiner Oberfläche, fein Humusgehalt, der Grad der Frifche oder Trockenheit, fein Bodenüberzug kurz anzugeben, wie dies in der fpeziellen Befchreibung der Fall ift, und fo z. B. bei 2 a III. Klaffe Oftenhang, wenig humofer, mäßig frifcher, mit Haidekraut überzogener Sandboden und bei 2 b etwas wellenförmiger, wenig humofer und frifcher, mit Moos und Haidekraut überzogener Sandboden. Der Vereinfachung wenig kann man bei der Boden= befchreibung von einer fpeziell befchriebenen Bodenfchilderung auf andere gleich= artige Abtheilungen Bezug nehmen. Immerhin muß aber der Boden fo ge= nau und mit fo charakteriftifchen kurzen Worten bezeichnet werden, daß auch dem Fremden die bloße Befchreibung ein deutliches Bild giebt und die nackte kurze Angabe III. und IV. Klaffe 2c. genügt für den Zweck nicht. Es kann der Fall eintreten, daß eine Abtheilung, welche mit Holz von gleichem Alter und Befchaffenheit beftanden ift, nicht durchweg denfelben Boden hat. — Da es der Vereinfachung halber wünfchenswerth ift, nicht zu viele Abtheilungen in jedem Jagen zu bilden, fo fchätzt man mit möglichfter Genauigkeit die Fläche in die einzelnen Klaffen ein; z. B. Jagen 3. 0,5 III., 0,5 IV. Boden= klaffe, wenn je die Hälfte III. und IV. Klaffe ift; denn der Dezimalbruch 0,5 $^5/_{10}$ ift foviel als ½.

Jagen 8. d. 0,7 III., 0,3 IV. Klaffe oder $^7/_{10}$ III., $^3/_{10}$ IV. Klaffe.

Eine gleiche Sorgfalt muß aus gleichen Gründen der Beftandsbefchreibung gewidmet werden. Bei ihr müffen wir befonders 2 Faktoren ins Auge faffen, Wuchs, d. h. Länge und Schluß, d. h. Dichtigkeit des Holzes.

Das dominirende Holz, d. h. das herrfchende, mit dem Wipfel hervor= ragende, den Hauptbeftand bildende, entfcheidet bei der Angabe des Durch= fchnittsalters und giebt den Ausfchlag für die Maaßregeln der Behandlung namentlich den Zeitpunkt des Hiebes. Dabei muß fich die fpezielle Befchrei= bung auslaffen über Stärke, Dichtigkeit oder lichten Beftand, Befchaffenheit des Schaftes (aftrein, aftreich, knorrig), Gefundheit (gefund, fchwammig, ab= ftändig), Unterholz (Alter und Befchaffenheit), über Einflüffe, welche auf die gegenwärtige Befchaffenheit einwirkten (Infecten, Feuer, Sturm, Schnee, Duft= bruch, Verbeißen durch Wild), bei jungen Beftänden über die Art der Cultur, der Nachbefferungen 2c., eventuelle mangelhafte Behandlung bei Cultur und

Hieb (z. B. unterlaſſene Nachbeſſerungen, zu ſtarke oder entgegengeſetzt unter=
laſſene Durchforſtungen) 2c.; kurz die Beſtandsbeſchreibung muß, ohne zu einer
langen Abhandlung auszuarten, in ſignificanten Zügen ſelbſt dem, dem Locale
Fremden ein treues Bild des geſchilderten Beſtandes geben, ſo daß die darauf
begründete Art der Behandlung (Durchforſtung, oder Unterlaſſen derſelben,
der Zeitpunkt des Hiebes, die Menge, d. i. Maſſe des vorhandenen Holzes,)
daraus vollſtändig motivirt und erläutert wird.

Der Kürze wegen wird in vielen Fällen bei gleichen Beſtands=Verhältniſſen
ganz oder zum Theil auf bereits beſchriebene Abtheilungen Bezug zu nehmen
ſein. — Das Beiſpiel des Grünwalder Forſtes giebt in der Beſtandes= und
Bodenbeſchreibung das äußerſte Maaß an, welches geleiſtet werden kann, und
es bleibt jedem Waldbeſitzer unbenommen, ſich kürzer zu faſſen. — Stets
werden aber angegeben werden müſſen:

1. Bodenklaſſe, z. B. III. IV. 2c.
2. Holzart, Alter, Wuchs, Schluß, z. B. Kiefern 60 Jahre von gutem
   Wuchs und ziemlich gutem Schluß.

Während in der General=Vermeſſungs=Tabelle, welche nicht beiliegt, auch
Quadratruthen angegeben ſind, werden in der ſpeziellen Beſchreibung ½ Mor=
gen weggelaſſen und über ½ für voll genommen.

Altersklaſſen=Verhältniß.

Um das Altersklaſſen=Verhältniß des Forſtes zu ermitteln, legt man ſich
nachſtehende Tabelle an, in welche man nach Morgen und Quadratruthen, oder
nach vollen Morgen in Stufen von 20 zu 20 Jahren jede einzelne Abtheilung
einträgt.

Jagen	Abthl.	1–20	21–40	41–60	61–80	81–100	über 100	Summa. Morgen.
				J a h r e .				
1	a			45				60
	b				14			
2	a	51						78
	b		27					
			u.	ſ.	w.			
Summa		394	121	465	118	368	213	1679

Bei 1679 Morgen Fläche und 6 Altersklaſſen müßte unſer Forſt $^{1679}/_6 =$
279 Morgen in jeder Altersklaſſe haben, wenn er regelmäßig beſtanden wäre.
Ein ſo regelmäßiges Altersklaſſen=Verhältniß wird aber ein Forſt wohl nur in

den seltensten Fällen haben. In unserem Beispiel erreicht auch nicht eine Altersklasse nur annähernd den Durchschnitt von 279 Morgen, namentlich überwiegt das Holz von 1—20, 41—60 und 81—100 erheblich. Dieses Altersklassen-Verhältniß zu bessern, ist der Zweck der Wirthschaft im I. Umtrieb. Diesen Zweck müssen wir mit den möglichst geringen Opfern zu erreichen suchen durch angemessene und durch die Beschaffenheit der gegenwärtigen Bestände begründete Abweichungen von dem Umtriebsalter, indem wir z. B. einen Bestand auf gutem Boden und von gutem Wuchs nach, einen auf schlechtem Boden und von schlechtem Wuchs vor Erreichung des allgemeinen Umtriebsalter von 120 Jahren vor die Axt bringen, einen anderen Bestand gar nicht hauen (durchgehen lassen,) einen anderen doppelt hauen (Doppelnutzung). Dabei müssen wir uns aber vor der Klippe hüten, an der mancher Taxator scheitert, nämlich z. B. eine erhebliche Menge Doppelhiebe zu führen, oder bei Feststellung des Umtriebes von 120 Jahren wenige oder gar keine Bestände dieses Umtriebsalter erreichen zu lassen, um einen guten Wirthschaftsplan und eine angemessene Gruppirung der Bestände herbeizuführen, und auf diese Weise das festgesetzte Umtriebsalter zu einem illusorischen zu machen. In der Altersklassen-Tabelle sind die wirklichen, d. h. die absoluten Flächen angegeben, z. B. Jagen 1 a = 45 Morgen. Neben dieser wirklichen Fläche steht in der speziellen Beschreibung die Rubrik auf die III. Bodenklasse reduzirte Fläche z. B. Jagen 1 a 32 Morgen. Der Zweck der Reduction wird durch Nachfolgendes erläutert.

Wollten wir genau das Umtriebsalter inne halten, dann würden wir das jetzt bestehende ungünstige Altersklassen-Verhältniß auch noch nach 120 Jahren, d. h. nach Verlauf des I. Umtriebes haben. Wir wollen aber die Wirthschaft, wie oben erwähnt, besser gestalten. Wir bestimmen nicht die einzelne Jahresschläge, sondern fassen in der I. Periode (jede von 20 Jahren) die Fläche des ältesten Holzes zusammen, welche pro 1868 bis 1887 gehauen werden sollen, in der II. Periode das Holz welches pro 1888 bis 1907 zum Abtrieb gelangen soll. 2c.

Ertragsberechnung.

Früher berechnete man die Holzerträge für die einzelnen Perioden und sagte z. B. Jagen 1 a. 45 Morgen groß, 60 Jahre alt, giebt auf der IV. Bodenklasse bei 110jährigem Alter nach Pfeil's Erfahrungstafeln pro Morgen 26 Klafter Ertrag, wenn es in der III. Periode, d. h. nach 50 Jahren gehauen wird. Man berechnet die Periode stets bis in die Mitte derselben, z. B.

III. Periode, d. h. I. Periode 20 Jahr.

II.   do.   20 =

III.   do.   10 =

50 Jahr.

Auf mögliche Gefahren, wie Feuer, Insecten, Wild, sei ein Abzug von $\frac{1}{4}$ = 6 Klafter pro Morgen gestattet; bleiben 20 Klafter. Diese zerfallen in 20 Pct. Nutzholz, 70 Pct. Klobenholz, 20 Pct. Knüppelholz. Daher stellt sich die Sache wie folgt:

$$20 \text{ Klafter} \times 45 \text{ Morgen} = 900 \text{ Klafter.}$$
$$\text{und zwar} \quad 90 \text{ Nutzholz,}$$
$$720 \text{ Kloben,}$$
$$90 \text{ Knüppel.}$$

Diese Antheile von 90, 720, 90 trug man dann in die III. Periode ein. Von dieser durch den Ober = Landforstmeister Hartig eingeführten Berechnung ging man später ab, da man es bei den schwankenden Conjuncturen mit Recht für mißlich resp. überflüssig hielt, auf so lange Zeit hinaus das Sortiments= Verhältniß (Nutz=, Kloben=, Knüppelholz) festzusetzen, und blieb dabei stehen, nur den Massengehalt von 900 Klftrn. in die III. Periode einzutragen. Diese Massenschätzung der einzelnen Perioden hat aber große Bedenken gegen sich. Wenn die Masse zu hoch oder zu niedrig angesprochen war, was ja bei den großen auszuzählenden oder nach den Erfahrungstafeln zu berechnenden Holz= massen kaum zu vermeiden war, dann erhob man entweder einen zu hohen oder zu niedrigen Etat und überhieb oder nutzte die Bestände zu wenig. In diese Irrthümer konnte man nicht verfallen, wenn man ein größeres Gewicht auf die Flächentheilung legte. Hatte man z. B. einen Forst von 20,000 Morgen, welchen man in 100jährigem Umtrieb bewirthschaftete, und hieb alle Jahre 200 Morgen, so war man gewiß, den Forst nachhaltig zu bewirthschaften und auch bezüglich des Material= und Geld=Ertrages einen gleichen oder annähernd gleichen jährlichen Ertrag zu erheben, wenn man für den Jahresschlag von 200 Morgen das älteste und werthvollste Holz auswählte und es mit Rücksicht auf eine geordnete Hiebsfolge zum Einschlag brachte. Es haben daher alle Schätzungen, welche auf die Flächentheilung gegründet sind, bezüglich der nach= haltigen Bewirthschaftung der Forsten einen entschiedenen Vorzug vor dem auf die Holztheilung gegründeten. — In vielen Fällen und in unserem Beispiel geht man daher von der Berechnung der Holz=Erträge für die II. und späteren Pe= rioden ab und deckt dieselben nur durch relative Flächen. In unserem Forst reduciren wir mittelst der Factoren

$$\text{ca. } 1{,}3 \text{ für die II.}$$
$$\text{= } 0{,}72 \text{ = = IV.}$$
$$\text{= } 0{,}44 \text{ = = V.}$$

alle absoluten Flächen auf die vorherrschend in unserem Forst vorkommende III. Bodenklasse und sagen z. B.: Jagen 1 a 45 Morg. IV. Bodenklasse ist

$$45 \times 0{,}72 \text{ III. Bodenklasse} = 32 \text{ Morgen.}$$

Der jetzt vorhandene Bestand von 1. a. ist vollkommen in Wuchs und Schluß, daher tragen wir die Fläche von 32 Morgen ohne Abzug in die III. Periode ein. Anders ist es mit 1. b. Dieses ist nicht vollbestanden, sondern nur zu $8/10 = 0{,}8$. Daher tragen wir in die III. Periode ein:

14 Morgen $\times$ 0,8 = 11 Morgen.

Jagen 3. 76 Mrg. ½ III., ½ IV. Bodenklasse = 38 Mrg. $\times$ 0,72 = 65 Mrg. relative Fläche ist nicht vollbestanden, sondern nur zu 0,7, daher

65 Mrg. $\times$ 0,7 = 45 Mrg. in der IV. Periode.

Diese Beispiele werden genügen, um sich für alle vorkommenden Fälle zurecht zu finden.

Die Massen-Ermittelung erstreckt sich nur auf die Bestände der I. Periode, welche wir in den nächsten zwanzig Jahren abtreiben. Alle anderen Perioden werden nur durch der Bonität nach annähernd gleiche Flächen gedeckt. Die Massen-Ermittelung des Holzes der I. Periode erfolgt entweder durch Auszählen ganzer Flächen oder nach Probe-Morgen. Der erste Fall erfordert viel Zeit und Arbeitskräfte, ist aber da unvermeidlich, wo die Ungleichartigkeit im Wuchse und Schlusse des Holzes so erheblich ist, daß man bei der Berechnung resp. dem Auszählen einer kleinen Fläche gewöhnlich 1 Morgen und Multiplication des Resultates nach Klaftern mit der ganzen Fläche unrichtige Resultate erhalten würde. Hierbei ist der Anlaß zu vermerken, wie man einen einzelnen Stamm cubisch berechnet.

Cubische Berechnung eines Stammes.

Man muß hierbei die ganze wirklich vorhandene Holzmasse und die der Benutzung anheim fallende unterscheiden, jene ist größer als letztere, denn ein Theil des Holzes geht in Spähnen 2c. verloren. Jeder Baum hat allermeist Walzenform, in mehr oder minder abweichender Form. Man hat zwar den Kegel, wahrscheinlich seiner spitzigen Form wegen, hie und da als Hülfskörper zur Baumschätzung gewählt, anstatt der Walzen, aber mit Unrecht.

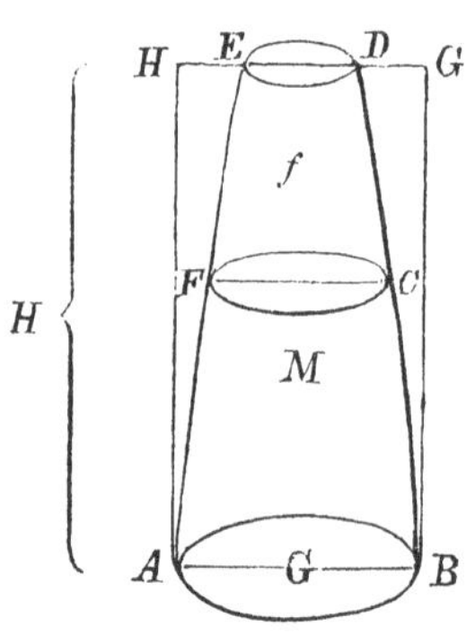

Die drei den Inhalt eines Baumes bestimmenden Faktoren sind seine Stammstärke G., Stammhöhe H. und Stammform F. — Der Inhalt des Stammes sei M. — Da der Stamm kleiner ist als eine Walze von gleicher Stammstärke G. und gleicher Höhe A. H., so ist $\dfrac{M.}{G.\,H.}$ = f. der sogenannten Formzahl; es ist also der Schaftgehalt G. H. f.

Die Stammstärken werden vorzugsweise nach dem Umfange bestimmt, der leichter und sicherer zu nehmen ist, als der Durchmesser, und überdies mehr im Interesse des Waldbesitzers ist. Den Umfang messen wir mit einem Band oder gewöhnlich mit einer Messingkette, deren Glieder je 1 Zoll sind. Die Kette umfaßt somit den Baum in Form eines Polygons (Vielseits), welches stets größer ist, als der in demselben beschriebene Kreis (b. h. der Baum); daher ist bei der Kettenmessung der Waldbesitzer im Vortheil.

Den Durchmesser mißt man mit der Kluppe (einem sperrigen Stabgestelle), welches den Uebelstand hat, daß es sich leicht verschiebt, und bei dem man sich stets wegen der richtigen Anlegung in Ungewißheit befindet, schon weil jede Rundholzquerfläche an sich mehr oder minder abweichende Durchmesser darbietet, während ein richtiges Umfangspannmaß (Kette oder Meßband) keine Abweichung gestattet, denn der von ihm begriffene Querschnitt hat nur einen Umfang. Die meisten Stämme fallen auf die breite Seite, daher werden die meisten Durchmessermessungen zu groß sein zum Nachtheil des Holzkäufers, der mehr Holz bezahlt, als ihm überwiesen wird. Daher sollte bei jeder Rundholzmessung, sei es zur Schätzung oder zum Verkauf, die leichtere und sichere Umfangsmessung als Regel gelten, denn sie bringt nach der Ansicht des bewährten Forstmathematikers König stets Gewinn und Ordnung, während der Gebrauch des Durchmessers nie von Verlust und Willkühr frei ist.

Es ist allerdings nicht zu verkennen, daß die Messung des Umfangs etwas mehr Zeit erfordert und daß Schnee und Eis, wenn diese sich um den Stamm hüllen, die Entfernung dieser Hindernisse erforderlich machen, und daß auch dann die Umfangmessung umständlich ist, wenn ein Baum nicht etwas hohl, sondern fest auf dem Boden anliegt.

Man wird aber gern das kleine Opfer an Zeit der größeren Genauigkeit halber bringen.

Die Stammstärke mißt man weder an dem Fuß des Stammes, wegen des ungleichen Wurzelanlaufs, noch an einer am stehende Stamme unerreichbaren Höhe, sondern in Brusthöhe, etwa 5 Fuß über dem Boden, bald etwas höher, bald etwas niedriger, je nach dem stärkeren oder schwächeren Wurzelanlauf, im Allgemeinen nicht über 6 und nicht unter 4 Fuß. Die dazu gehörige Kreisfläche nennen wir Stammgrundfläche G.

Die zur Ausmessung des Holzgehaltes erforderliche mittlere Stärke FC ist dann am genauesten, wenn die oberen und unteren Endstärken ED und AB wenig von einander abweichen.

$$\mathfrak{Z}. \mathfrak{B}. \; AB = 30 \; \text{Zoll},$$
$$ED = 20 \quad \text{-}$$
$$\text{so ist } FC = \frac{30 + 20}{2} = 25 \; \text{Zoll}$$

Durchmesser und der Halbmesser 12,5 Zoll, die Kreisfläche von FC ist aber

= dem mit sich selbst multiplicirten Halbmesser mal 3,14,

$$\text{also } 12,5 \times 12,5 \times 3.14 = 490,5 \ \square''$$

$$\text{A H ist} = 60' \text{ oder } 60 \times 12'' = 720''$$

$$\text{M ist} = 490,5, \text{ rund } 491 \ \square''$$

$$\text{mal } 720''$$

$$\overline{}$$

$$353{,}520 \ \square''.$$

Wenn 1 C′ 1728 C″ hat, so sind 353,520 C″ = 204½ C′. Eine Walze von A B Durchmesser und A H Höhe hat nachstehenden Inhalt:

$$\text{A B} = 30''$$

$$\frac{\text{A B}}{2} = 15''$$

$$\text{G} = 15'' \quad 15'' \times 3.14 = 706,5'', \text{ rund } 706''$$

$$\text{H} = 720''$$

$$\overline{}$$

$$508{,}320 \ \text{C}''$$

$$= 295 \ \text{C}'.$$

Die Formzahl F ist $= \dfrac{\text{M}}{\text{G H}} = \dfrac{204}{295} = 0{,}6$

oder etwas über ½, d. h. die Walze, welche mit der Kiefer gleiche Basis und Höhe hat, hat ungefähr noch einmal soviel Inhalt als der Baum.

Je nach der größeren oder geringeren Dichtigkeit (Schluß) in dem Wuchs theilt man das Nadelholz in fünf Klassen:

1. gedrängt,

2. mäßiger Schluß,

3. lichterer Stand,

4. freier Stand,

5. einzelner Stand.

Ohne Astholz und Nadelzweige ist die Formzahl für Kiefer (und Lärche) bei circa 50′ Höhe oft 0,5, d. h. ½, bei 70′ 0,49, d. h. eine Kiefer ist nur ½ einer Walze von gleicher Grundfläche und gleicher Höhe. Die Formzahlen sind für die Schätzung stehender Bäume von großer Wichtigkeit, denn nur bei liegendem Holze kann man D E unmittelbar messen; den stehenden Stamm A B D E er= mittelt man aus G H f.

Wenn man auf einem Meßbande zu jedem Umfang oder Durchmesserzoll die Kreisfläche G in Flächenfußen unmittelbar angegeben hat, dann multiplicire man sie ohne Weiteres mit der gefundenen Längenzahl. Am brauchbarsten bleiben aber stets gut eingerichtete Walzeninhalt=Tafeln, die gleich den Inhalt angeben zu jedem fraglichen Umfange oder Durchmesser und zu jeder gewöhn= lich vorkommenden Länge. Die König'schen Tafeln sind zu diesem Zwecke voll= kommen passend.

Höhen-Berechnung eines Stammes.

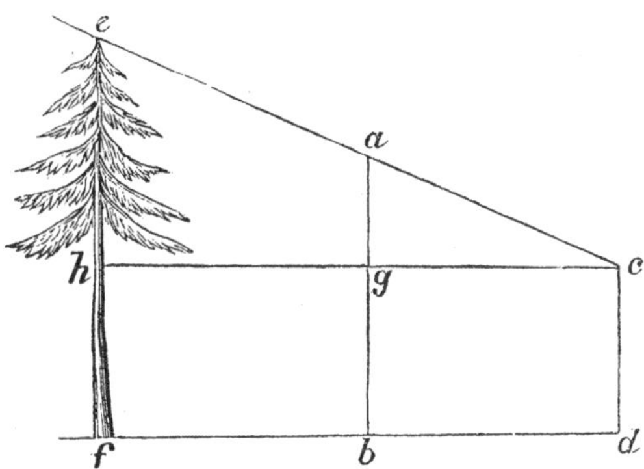

Die Höhe eines Baumes mißt man entweder unmittelbar, wenn er gefällt ist, oder durch Berechnung. Die Höhe des Baumes ef wird gemessen,
wenn man einen circa 12′ über der Erde langen Stab ab und einen vielleicht
halb so langen 6′ cd senkrecht so in die Erde steckt, daß man mit dem Auge
in c über a nach der Spitze des Baumes e sehen kann. Es verhält sich dann
cg : ag = ch : eh. cg ist = bd und kann gemessen werden = 10′; ag ist der
Unterschied der Längen beider Stäbe 12′ — 6′ = 6′ ch = fd kann ebenfalls
gemessen werden = 20′. Es ist daher ch = $\dfrac{ag \cdot ch}{cg} = \dfrac{6 \cdot 20}{10} = 12′$. Hierzu tritt die Höhe des kurzen Stabes cd = hf = 6′.

Es ist daher ef oder die Baumhöhe 12′ × 6′ = 18′.

Mittags, wo der Schatten am kürzesten ist, stelle man eine circa 12′ lange
Stange senkrecht auf. Wenn man bemerkt, daß der Schatten der Stange z. B.
16′ ist, der des Baumes 35′ so schließt man 16′ Schattenlänge : 12′ Höhe = 35′
Schattenlänge : Baumhöhe, daher ist die Baumhöhe = $\dfrac{35 \cdot 12}{16} = 26\frac{1}{2}′$. *)

Wenn nunmehr im Vorstehenden die Mittel angegeben sind, um in
wissenschaftlicher Weise die Höhe und den Gehalt an Masse von einzelnen
Stämmen resp. ganzen Beständen zu bestimmen, so muß doch auch für die-
jenigen unserer Leser Sorge getragen werden, welche der Wissenschaft abhold,
in der einfachsten und praktischsten Weise verfahren wollen.

Wo Wald ist, sind auch Holzschläger zu finden; diese Leute haben ein ge-
übtes Auge, und gehen uns bei unserem Geschäft dienstbar zur Hand. Sie

---

*) Unter Anlage E wird eine Cubiktabelle für runde Hölzer von 1 Zoll Durchmesser und
bis 70 Fuß Länge beigefügt. Auch wird die Stahl'sche Cubiktabelle, welche auch die Umfange nachweist und welche bei scharfem Druck klein, leicht zu handhaben und dabei sehr wohlfeil ist, auf das dringendste den Privatwaldbesitzern empfohlen.

schätzen nach dem Augenmaße jeden Baum in Klafter ein. Um auch kleinere Stämme von der Schätzung nicht auszuschließen, nehmen wir als Einheits= maß den achten Theil einer Klafter, notiren die Stämme, welche wir, um keinen zu übersehen, mit einem kleinen Schalm versehen und ermitteln somit die ganzen Maße auf einer bestimmten Fläche. Z. B. Kiefer Nr. 1 ⁴/₈ Klafter, Nr. 2 ⁶/₈, Nr. 3 ³/₈, Nr. 4 ⁷/₈ ꝛc., in Summa ²⁰/₈ = 2¹/₂ Klafter.

Sortiments-Verhältniß.

Nach dem größeren oder geringeren Nutzholzabsatz, nach dem Wuchs und Schluß des Holzes werden wir das Sortiments=Verhältniß festzusetzen im Stande sein, obschon dies in unserer speziellen Beschreibung nicht ausgebracht ist. Unter ziemlich günstigen Absatz= und Bestands=Verhältnissen werden wir von 100 Klaftern Derbholz (Bau= und Brennholz außer Reiser, Stockholz und geringen Stangen) 30 Klafter Nutz=Bauholz, 60 Klafter Kloben, 10 Klafter Knüppelholz erhalten. Reisigholz und Stockholz bleibt bei der Schätzung außer Acht, da Stockholz (Stubbenholz) durch die hohen Kosten der Rodung beim Verkauf wenig abwirft, und die Rodung mehr als Kultur=Maaßregel zu be= trachten ist. Immerhin aber wird der Verkauf von Reisig und Stockholz dem Geld=Ertrag unseres Forstes zu Gute kommen.

Massenklaftern.

In unserer speciellen Beschreibung finden wir die Bezeichnung Massen= klaftern à 70 C'. Es ist dies das arithmetische Mittel zwischen

$$
\begin{array}{ll}
\text{Nutzholz} & \text{à 80 C'} \\
\text{Kloben=} & \text{à 75 C'} \\
\text{Knüppel=} & \text{à 60 C'} \\
\hline
3 \mid 215 & \mid 70 \text{ C'}
\end{array}
$$

Durch die Annahme von Massenklaftern sind wir der Einschätzung des oben erwähnten Sortiments = Verhältnisses überhoben und vereinfachen unser Formular ebenso sehr, als wir dadurch unsere Rechnung abkürzen.

Massen-Ermittelung nach Probeflächen.

Während wir in der obengenannten Weise ungleichartige Bestände einzeln auszählen, werden wir gleichartige nach Probeflächen abschätzen. Gewöhnlich wählt man die Fläche von ¹/₂ oder 1 Morgen, dort, wo die Beschaffenheit des Bestandes mittlerer Art ist in Bezug auf Höhe und Dichtigkeit des Holzes. Wenn man z. B. Jagen 16. a. auf 1 Mrg. 20 Klafter, auf 1 Mrg. 26 Klftr., auf 1 Mrg. 29 Klftr. fand, so ist der mittlere Ertrag 25 Klftr. pro Morgen, und bei einer Fläche von 22 Mrg. der Gesammt=Ertrag $22 \times 25 = 550$ Klftr.

Wir berechnen stets bis in die Mitte der betreffenden Periode, d. h. z. B.

$$\begin{aligned}
\text{III. Periode} = 1\,P &= 20 \text{ Jahr} \\
2\,P &= 20 \quad = \\
3\,P &= 10 \quad = \\
\hline
\text{III. Periode} \quad\quad &= 50 \text{ Jahr}
\end{aligned}$$

und somit unsere Bestände der I. Periode in die Mitte derselben auf 10 Jahr. Es tritt den 550 Klftrn. in 16. a. daher noch der Zuwachs für 10 Jahre hinzu, wenn überhaupt ein Zuwachs nach Alter und Beschaffenheit des Bestandes noch stattfindet.

Zuwachs.

Der Baum legt jedes Jahr einen Holzring an, nach Boden, Alter, Ge= fahren (Insecten, Dürre) größer oder geringer. Dies geschieht so lange, bis er an der Grenze seines Wachsthums angekommen ist, was bei Kiefern mit circa 120—130 Jahren der Fall ist. Bei den Holzarten, welche, wie Kiefer, Buche, Eiche, nach Abwölbung der Krone nur einen sehr unbedeutenden Höhen= wuchs haben, kann man den Höhenzuwachs unbeachtet lassen und annehmen, daß die Länge des Baumes dieselbe bleiben werde. Man haut in den Baum einen Kerb, zählt die auf ½ Zoll gehenden Jahresringe ab und ermittelt aus der Differenz des cubischen Inhalts zur Zeit und vor einer gewissen Zahl von Jahren den Zuwachs, den man dann am bequemsten in Procenten ausdrückt, z. B. eine Kiefer, 60′ lang bis in die höchsten Zweigspitzen, 22″ dick in Brust= höhe, hat . . . . 158 C′
wenn 10 Jahrringe auf ½ Zoll gehen, so wird sie nach 10 Jahren 1 Zoll dicker sein, da dieser halbe Zoll sich auf beiden Seiten des Baumes anlegt und 23″ Dicke, sowie . . . . 173 C′
haben, folglich in 10 Jahren um . . . . 15 C′
und in 1 Jahr 1,5 oder 1½ C′ zugewachsen sein, oder in Procenten ⁹⁄₁₀ pCt. Den Zuwachs an Probestämmen legt man bei der Zuwachs=Berechnung des ganzen Bestandes zu Grunde.

Während das Holz im mittleren Alter am stärksten zuwächst, ist dieser Zu= wachs im höheren Alter schon so gering, daß z. B. auf 100 Klftr. jährlich nur ½ Klftr. zuwachsen. In unserem Bestande 16. a. ist dies der Fall. Wir neh= men den Zuwachs auf ½ pCt. oder 0.5 an und sagen:

$$100 : \tfrac{1}{2} = 550 : x.$$

$x = 2:75$ jährlich und auf 10 Jahre 27 Klftr., daher $550 + 27 = 577$ Klftr. in der Mitte der I. Periode.

Dieser Ertrag von 577 Klftrn. ist, wie auch unser Formular besagt, die Material-Abnutzung in der I. Periode der Hauptnutzung. Wir haben aber auch noch in den Beständen mittleren Alters von 40 Jahren und darüber eine sogenannte Zwischen-Nutzung, d. h. Durchforstung. Durch diese wird das absterbende, abgestorbene, in dem Wipfel unterdrückte Holz mit Schonung des Schlusses des Holzes (damit nicht Lücken entstehen, welche Bodenverschlechterung herbeiführen) herausgehauen. In jüngeren Beständen, z. B. 1.a., nennen wir diese Maßregel Durchforstung, in älteren, z. B. 8.a., Zwischen-Nutzung an Trockniß. Die Entfernung dieses Holzes ist aus doppelten Rücksichten nöthig; einmal um dem wüchsigen Holze Wachsraum zu geben, und sodann um das abgestorbene Holz im Interesse des Waldbesitzers zu versilbern. Auf den Ertrag der Durchforstung ist der Boden und die Entstehungsart des Bestandes von großem Einfluß. Je schlechter der Boden, desto öfter (aber stets wenig) muß man durchforsten und desto geringer wird der Hauptertrag sein; im besseren Boden findet das umgekehrte Verhältniß statt; hier kann man starke Durchforstungen in langen Zeit-Zwischenräumen einlegen und wird immer trotzdem einen hohen Hauptertrag haben. Lichtes, im Samenschlag erwachsenes Holz, ungleich bestanden, giebt wenig Durchforstung, ein geschlossener, aus einer Furchensaat erwachsener Stangenort erfordert frühe und reichliche Zwischen-Nutzung, und wir sagten daher oben mit Recht, daß die Entstehungsart des Bestandes von erheblichem Einfluß auf den Durchforstungs-Ertrag sei. Wir berechnen nur die Zwischen-Nutzungserträge an Durchforstung und Trockniß für die 1. Periode, d. h. soweit wir sie in den nächsten 20 Jahren erheben wollen, und überlassen die Sorge, sie für die späteren Perioden auszubringen, einem anderen Taxator, der in etwa 10 Jahren, nachdem wir unsere Wirthschaft unserem Plane gemäß ausführten, örtlich die Zweckmäßigkeit unseres Betriebsplanes zu prüfen haben wird.

Taxations-Revision.

Das Geschäft dieser Prüfung nennen wir Taxations-Revision. Unser Grünwalder Forst erfreut sich leider keiner besonders günstigen Bodenverhältnisse. Nach dem oben Gesagten wären daher hohe Durchforstungs-Erträge gerechtfertigt. Wir haben sie aber nur mäßig veranschlagt und uns in den Grenzen von ½ Klftr. bis höchstens 2 Klftr. pro Morgen und in Mittelstufen von 0.7, 1; 1.3 bewegt. So haben wir z. B. bei 1.a. 1 Klftr. pro Morgen und bei 45 Mrg. Fläche in Summa eine Durchforstung von 45 Klftr. berechnet.

Vermischung der Kiefer mit der Birke.

In unserm Beispiel haben wir es mit einem reinen Kiefernforst zu thun. Oft ist in Kiefernforsten die Birke eingemischt; ist dies einzeln der Fall, dann giebt sie bei dem Aushieb mit 60 Jahren ein willkommenes, als Schirrholz und Brennholz gut zu verwerthendes, gesuchtes Zwischennutzungs-Material, welches wir im Aushieb entfernen. Bedenklich ist die Lage, wenn die Birke in Kiefernbeständen größere Flächen von ½ Morgen und darüber einnimmt. Wir müssen sie dann auch mit 60 Jahren hauen; sie schlägt aber nicht mehr vom Stock aus und wird, da sie keinen Schatten verträgt, von dem umgebenden Kiefernbestand, wenn sie auch selbst noch etwas Ausschlagsfähigkeit besitzen sollte, unterdrückt, da die Kiefer erst mit 120 Jahren gehauen wird. Der Erfolg ist dann, daß wir mitten in unserem Kiefernbestand größere Lücken und Bodenverödung haben, da sich die Lücken mit Kiefernsaamen nicht besamen können, denn auch die Kiefer verträgt keinen Schatten. Wir müssen daher die Ansiedelung der Birke in größeren Flächen in Kiefern, soweit es möglich ist, zu verhindern streben. Es ist hier der Ort zu erwähnen, daß überhaupt die Birke in größeren reinen Beständen nicht mit Vortheil zu ziehen ist, da sie auf dem schlechten Boden selbst als Niederwald mit 25—30 Jahren gehauen, schlecht vom Stock ausschlägt und durch geringen Laubabfall den Boden verschlechtert. Auch im einzelnen Stande schadet die Birke oft der nebenstehenden Kiefer, indem sie mit ihren schlanken Zweigen dieselbe peitscht und den Samenansatz im Wuchse behindert. Die Durchforstung ist endlich auch ein Mittel, um alle Hölzer, welche wir nicht fortziehen wollen, wie Weide, Aspe 2c. zu entfernen. Man hat in diesem Falle den Ausdruck Aushieb. In der Durchforstung wird gleichartiges, im Aushieb ungleichartiges Holz entfernt. Unter Umständen kann, wenn es sich darum handelt, werthvolles Holz vom Druck zu befreien, der Aushieb schon dann rathsam sein, wenn das auszuhauende Holz als zu schwach noch gar nicht zu verwerthen ist; wenn möglich, muß dies aber vermieden werden, und der Holzwerth die Kosten des Aushiebes mindestens decken.

Hiebsleitung.

Unsere verderblichsten Stürme im nordöstlichen Deutschland kommen aus derselben Himmelsgegend, von welcher auch die politischen Stürme herkommen, nämlich aus Westen. Wenn die Stürme besonders dem flach wurzelnden Holze wie Fichte gefahrdrohend sind, so leiden doch auch andere Holzarten, und unter diesen selbst die eine Pfahlwurzel treibende Kiefer erheblich unter ihrem Einfluß. Wir schützen uns vor den Weststürmen, wenn wir unsere Schläge von Osten nach Westen so führen, daß wir gegen letztere Himmelsgegend eine Holzwand haben. Diese Hiebsleitung ist nicht ohne Schwierigkeit und Opfer, betrachten wir unsere Karte, dann finden wir, daß die Hauptmasse unseres alten Holzes in den Jagen 12, 11, 16, 15, 20, 19 und 21 zum Theil im Westen vorliegt und östlich dahinter jüngere Bestände, denen die Stürme dann gefährlich werden, wenn ein östlich belegener Bestand mit 60 Jahren gegen Westen freigestellt wird; denn im jüngeren Holze schaden die Stürme weniger. Ordnen wir unseren Hieb nicht mit Rücksicht auf die Sicherung gegen Sturm, dann sind wir unfreiwilligen Holzschlägen ausgesetzt; der Wind ist dann der Herr der Wirthschaft und wir sind seine Diener und Vasallen. Wir müssen ihm blindlings gehorchen und da das Holz aufräumen, wo es ihm gerade beliebt, es niederzuwerfen. Die gewöhnliche Folge ist dann, da wir unsere Schläge betreiben und die Masse des Windbruchs hinzutritt, ein oft nicht unerheblicher Mehrhieb, die Verlegenheit, das Holz gut absetzen zu können, und die Störung unseres ganzen Wirthschaftsplanes in seinen Grundvesten. Im Laubholz ist der Wind nicht gefährlich; wir brauchen also in solchen Forsten den Hieb nicht mit der Sorgfalt zu leiten, wie im Nadelholz; wir können es übersehen, wenn ganze Altersklassen zusammenliegen oder durch den Wirthschaftsplan zusammengelegt werden, und brauchen demnach weniger vom Umtriebsalter abzuweichen, als in Nadelholz=Forsten.

Freistellungen.

Trotz sorgsamer Prüfung sind in unserem Beispiel einige Freistellungen unvermeidlich gewesen. Jagen 3, gegen Westen vor Jagen 2 liegend, wird in der IV. Periode gehauen, d. h. nach 70 Jahren, und das nach Osten liegende Jagen 2 in der V. Periode, d. h. nach 90 Jahren. Da jedoch Jagen 2 schlechten Boden (IV. Klasse), schwaches und kurzes Holz hat, so ist nach dem Abtrieb von Jagen 3 in Jagen 2 aus diesem Grunde kein Windbruch zu befürchten, denn das schwache und kurze Holz setzt dem Winde keine hohe und geschlossene Wand entgegen. Hätten wir Jagen 2 in der IV. und Jagen 3 in der V. Periode hauen wollen, dann wäre Jagen 3 durch Jagen 4 in der IV. Periode freigestellt; überdies ist Jagen 2 jünger als Jagen 3 und kann daher später zum Hiebe treten.

Jagen 3 würde in der V. Periode gehauen 140 Jahr alt geworden und mit Rücksicht auf seine geringe Bodengüte ($\frac{1}{2}$ der Fläche IV. Klasse) und lichte Beschaffenheit überständig geworden sein.

Jagen 5 wird durch Jagen 6 nicht freigestellt, denn 5 ist erst 5jährige Schonung und Jagen 6 wird innerhalb 10 Jahren abgetrieben.

Jagen 7 wird mit 55 Jahren durch den Hieb des westlich belegenen Jagens 8 in der II. Periode freigestellt; da aber Jagen 7 schlechten Boden (IV. Klasse) hat, so ist die Freistellung ohne Bedenken, und Windbruch nicht zu be-

fürchten. Man hätte zwar Jagen 8 in die I. Periode stellen und so die Frei=
stellung vermeiden können; es hätte dann aber der größere Theil von Jagen 8
(b, c, d) das Umtriebsalter nicht erreicht, und abgesehen davon fehlte es an
Beständen, welche für die II. Periode geeignet waren. Es ist von der größten
Wichtigkeit, die Hiebsfolge so zu ordnen, daß bei unvermeidlichen Freistellungen
und wo Windbruchgefahr droht, der exponirte Bestand durch starke Durch=
forstung (Verdünnung der Holzwand) oder durch Aufhieb einer breiten (ca. 5°)
Schneiße an den Wind gewöhnt wird.

Auch durch weitläufige Randpflanzung sucht man dem Uebel zu steuern.
Besonders gefährlich ist es, wenn der Westwind eine schiefe Holzwand trifft und
Löcher brechen kann, die sich immer mehr erweitern. Besser ist es, dem Wind
die grade Front entgegenzustellen, wenn eine Freistellung einmal und selbst mit
Opfern unvermeidlich ist.

Insecten und Feuer.

Außer vom Wind leiden wir in unseren Nadelholz=Forsten (Kiefern und
Fichten) von Insecten, und in Kiefern=Forsten mit trockenem resp. dürrem Bo=
den vom Feuer. Um dieser Gefahr entgegenzutreten, ist die große Anhäufung
gleichaltrigen Holzes durch den Wirthschaftsplan, also die Ueberweisung großer
zusammenhängender Flächen von mehreren Jagen an eine und dieselbe Periode
zu vermeiden. Unsere Karte zeigt, daß wir auch in dieser Hinsicht mit nicht
unerheblichen Schwierigkeiten zu kämpfen haben und Opfer werden bringen
müssen. Die Jagen 3, 4, 9 liegen mit einer Fläche von 266 Morgen starken
Stangenholzes zusammen; nicht minder 15, 16, 19, 20 mit ca. 350 Morgen
alten Holzes u. s. w. Tritt die Kiefern=Raupe oder ein anderes gefährliches
Insect auf, dann laufen wir Gefahr, daß die letztgenannten 350 Mrg. sämmt=
lich von derselben befallen werden und daß wir großen Verlust an Holz haben,
weil das von derselben befressene resp. der Nadeln beraubte Holz im Saft er=
stickt, blau und faul wird. Wir würden dann mehr als eine ganze Altersklasse
verlieren, deren Durchschnittsfläche in unserem Grünwalder Forst 279 Mrg.
beträgt. Hiergegen kann man zwar einwenden, daß man bei rechtzeitig einge=
legten Vertilgungs=Maßregeln keine so erheblichen Raupen=Verheerungen zu be=
fürchten habe. Doch lehrt das Beispiel der Litthauisch=Preußischen Staatsforsten
bezüglich der Nonne und des Glücksburger Forstes in Betreff der Kiefernraupe,
daß günstige Witterungs=Einflüsse dem menschlichen Bemühen spotten. Wir
trennen daher unsere zusammenliegenden Jagen 15, 16, 19, 20 so, daß wir sie
nicht alle derselben, sondern verschiedenen Perioden zuweisen, d. h. zu ganz ver=
schiedenen Zeiten unter Sicherung gegen Weststürme zum Hiebe bringen, um
darauf für den zweiten Umtrieb eine bessere Vertheilung der Altersklassen her=

beizuführen. Die schwarzen römischen Ziffern für die Perioden-Nummer des ersten, die rothen für die des zweiten Umtriebes werden ergeben, ob und inwieweit uns unser Streben gelungen ist. Auch das gleichaltrige zusammenliegende Holz der Jagen 3, 4, 9 ist diesen Maßnahmen unterworfen worden, wenn es auch immer ein kleiner Uebelstand bleibt, daß Jagen 3 u. 4 im I. u. II. Umtriebe der IV. Periode überwiesen sind. Im Allgemeinen ist unser Streben dahin gerichtet gewesen, jedes Jagen nur einer Periode zu überweisen, und nur im Jagen 20 machen wir davon eine Ausnahme, da a. sowohl für den I. als II. Umtrieb der I. Periode, b. aber in beiden der II. Periode zufällt. Die Trennung von a. u. b. durch den Weg rechtfertigt diese Maaßregel.

Aber nicht bloß Insecten, sondern auch die Gefahr des Feuers sind in Kiefern-Forsten Anlaß, daß man nicht zu große Flächen gleichaltriges Holz zusammenlegt. Wenn diese Besorgniß in unserem Beispiel gerechtfertigt ist, so können wir sie dadurch etwas beseitigen, daß wir die Gestelle A, B, C, a, b, c, d, e von Streu, Moos, Poß befreien und den Boden so wundhalten, daß das Feuer stets innerhalb eines Jagens eingeschlossen gehalten werden kann, wenn es nicht schon eher gedämpft wird. Diese Maaßregel kostet uns nichts, sondern bringt uns noch Geld ein, indem wir in Loosen von 50 zu 50 Rth. das Streuwerk der Gestelle, und um den Zusammenhang des Forstes noch mehr zu unterbrechen, auch das der den Forst durchschneidenden Wege verpachten. — Wir haben dadurch den Vortheil, daß auf den wund gemachten Gestellen das Spüren des Wildes sehr erleichtert wird, da unser Grünwalder Forst gut mit Rothwild besetzt ist. Wir hätten in unserem Beispiel sowohl im I. als II. Umtrieb noch ein für das Auge und die oberflächliche Ansicht bessere Hiebsleitung herstellen können, aber nicht ohne den Beständen Zwang anzuthun, sie entweder übermäßig alt oder zu jung zum Hiebe zu stellen, zahlreiche Doppel-Nutzungen einzulegen und Opfer zu bringen, die außer Verhältniß zu den zu erreichenden Vortheilen stehen. Das Beste ist der Feind des Guten, und so wäre es nicht gerechtfertigt, um eine normale Hiebsfolge nach 120 Jahren, d. h. einen Anfang des II. Umtriebs zu haben, der Gegenwart unverhältnißmäßige Opfer anzumuthen. Im Laubholz sind weder Insecten noch Feuer so gefährlich, als im Nadelholz. Die Trennung der Altersklassen ist demnach in demselben nicht dringende Bedingung, da ja auch, wie wir oben zeigten, die Gefahr vor Windbruch im Laubholz weniger besteht. — Eine angemessene Hiebsleitung im Nadelholz ist, wie wir aus unserem Beispiel sehen, nicht ganz leicht; sie erfordert vielfache Rücksichten und Prüfungen im Walde und auf der Karte. Wir müssen probiren, ändern und so zu sagen unsere Bestände oftmals verschieben (in andere Perioden stellen). Dabei ist jedes Verschieben von Einfluß auf die angrenzenden Bestände, die dann eventuell, um nicht freigestellt zu werden oder keine Anhäufung gleichaltrigen Holzes herbeizuführen, ebenfalls verschoben werden müssen.

Und neben allem dem waltet die Rücksicht, in unseren Beständen, nicht zu er=
heblich vom Umtriebsalter abzuweichen und jede Abweichung durch die Be=
schaffenheit und Lage der Bestände begründet zu sehen.

Die Hauptgarantie der Nachhaltigkeit unserer Wirthschaft beruht darin,
daß wir jeder Periode der Bonität nach annähernd gleiche Flächen überweisen.

Nachhaltigkeit.

Wir bemerken, daß wir dieses Ziel annähernd erreicht haben, denn wir
hauen, wie aus der Zusammenstellung der speciellen Beschreibung ersichtlich ist,
in dem 1. Umtrieb von 1868—1988, in der Periode

I.	II.	III.	IV.	V.	VI.	
202	218	179	199	196	190	Morgen.

61 Morgen gar nicht und annähernd ebensoviel doppelt, d. h. 75 Morgen
und im 2. Umtriebe 1989—2109

rothe Ziffern
in der Periode

I.	II.	III.	IV.	V.	VI.
299	326	282	269	299	219

Im 2. Umtriebe sind nicht relative, d. h. der Bonität nach gleiche, resp.
auf die Bodenklasse reducirte Flächen, wie im ersten, sondern die wirklichen
Flächen (absolute) in den einzelnen Perioden ausgeworfen.

Material- und Geld-Etat.

Es kommt nun darauf an, aus der Fläche der I. Periode des 1. Um=
triebes unsere jährliche Etatsfläche und unser Etats-Holzquantum zu entwickeln
und den Geldwerth desselben festzustellen.

Wir hauen in der I. Periode, d. h. den nächsten 20 Jahren von 1868
bis 1887 202 Morgen, d. h. jährlich

$$^{202}/_{20} \text{ Morgen} = \text{circa 10 Morgen}$$

und an Holzmasse 4963 Klafter Haupt= $\Big\}$
und 723 Klafter Zwischen= Nutzung,

Summa 5686 Klafter,

und jährlich $^{4963}/_{20} = 248$ Klafter Haupt= $\Big\}$
und $^{723}/_{20} = {}^{36}/_{284}$ Klafter Zwischen= Nutzung,

oder pro Morgen circa 25 Klafter Haupt-Nutzung.

Diese jährlich zu hauenden 284 Klaftern werden zerfallen in

30% Bau= u. Nutzholz	84 Klftr.	à 7 Thlr.	588 Thlr.	— Sgr.
60% Klobenholz	172 Klftr.	à 4 Thlr.	688 Thlr.	— „
10% Knüppelholz	28 Klftr.	à 3 Thlr.	84 Thlr.	— „

Sa. 284 Derbholz.

Hiervon werden entfallen ca. 28 Klftr. Reisig à 1 Thlr.   28 Thr. — Sgr.
und 56 Klftr. Stubben à 1⅓ Thlr.   74 Thlr. 20 „

Wir würden also von unserem Grünwalder Forst, welcher 1679 Morgen groß ist, rund 1463 Thlr., d. h. jährlich fast 1 Thlr. pro Morgen Holz Brutto-Einnahme haben. Hierzu tritt die Einnahme für die Nebennutzungen. An Nebennutzungen werden wir nicht beziehen Gras, da der Forst trockener Sand-boden ist und keine Brücher hat, sondern vielleicht jährlich einige Thaler für Streu auf den Gestellen und an den Wegen, d. h. circa 5 Thlr. Von unseren Schlägen, oder aber aus anderen Beständen verkaufen wir kein Streu-Material, da dieses dem Walde als Düngung unentbehrlich ist, und da das Revier etwas Rothwild, Rehe, Hasen, Füchse hat, von der Jagd jährlich circa 15 Thaler.

Die Gesammt-Brutto-Einnahme beträgt demnach 1482 Thaler 20 Sgr., hiervon gehen ab die Ausgaben circa 27%

1. für einen Förster Gehalt, Wohnung, Holz, Acker, Wiesen 250
2. an Grundsteuer . . . . 42 } 367 Thlr.
3. Culturen 75

bleiben 1115 Thlr. 20 Sgr. Netto.
rund 1116 Thlr. Einnahme,
oder pro Morgen eine jährliche Netto-Einnahme von 20 Sgr.

Dieser Ertrag ist ein in Kiefernforsten des nordöstlichen Deutschlands unter mittleren Boden- und Absatz-Verhältnissen oft auftretender.

Hieb und Culturen.

Früher stellte man in Kiefern-Besaamungsschlägen, d. h. man hieb bei einem Saamenjahre die unterdrückten schwächeren Stämme heraus und ließ nur die stärkeren, vielen Saamen tragenden Bäume stehen. Da man der, viel Licht bedürfenden Kiefer oft nicht schnell genug durch Räumung des aufstehen-den Holzes Licht verschaffen konnte, so litt der junge Anflug nicht selten unter dem Schatten und man erhielt lückige und schlechtwüchsige Schonungen. Man geht daher in neuerer Zeit, wo Culturmittel disponibel sind, von den Besaa-mungsschlägen ab und führt Kahlhiebe, d. h. lange, schmale Schläge, wo möglich durch die ganze Länge eines Jagens. — Wir sollen jährlich einen Kahl-schlag von 10 Morgen führen und führen z. B. im Jagen 16 den Hieb parallel mit Gestell C. über die beiden Wege in der ganzen Länge des Jagens, d. h. 100° und 18° breit, denn $18 \times 100 = 1800 \;\square° = 10$ Morgen.

Wir fangen in jedem Jagen des Windes wegen wo möglich in Osten den Hieb an und würden z. B. einen Fehler begehen, wenn wir Jagen 16. am Gestell d anhauen wollten. In diesem Falle würde der Westwind unseren Etat an Holz, unserem Willen entgegen, sehr vergrößern. Lange, schmale Schläge

find deshalb geboten, weil bei ihnen Samenabfall vom stehenden Orte zu er=
warten ist und weil in unserem trockenen Kiefernboden die stehende Holzwand
die Kultur vor Dürre schützt.

Es ist selbstverständlich, daß wir das schwammige, sehr alte, licht stehende
Holz, welches durch längeres Stehenbleiben an Werth verlieren würde, zuerst
vor die Art bringen und aus unserer speciellen Beschreibung sorgsam die Be=
stände auswählen.

In unserem Beispiel werden wir gut thun, den Hieb in Jagen 13 und
Jagen 20 a d. h. im Osten zu beginnen, denn wenn wir z. B. Jagen 16 vor
15 hauen wollten, dann würde letzteres gegen Westen freigestellt.

Wechsel der Schläge.

Wenn wir daher pro 1868 10 Mrg. im Jagen 13 an der Waldkante be=
ginnend, gehauen haben, dann werden wir pro 1869 den Hieb dort nicht fort=
setzen, sondern z. B. 1869 10 Mrg. von 20 a hauen. 1870 10 Mrg. von
15 b, 1871 10 Mrg. von 21 b und erst nach Jagen 13 z. B. 1872 resp. dann
zurückkehren und den Hieb mit 10 Morgen dort wieder anfnehmen, wenn die
Kultur der Hiebfläche 1868 als vollständig gerathen zu erachten ist. Der Grund
dieses Wechsels der Schläge ist derselbe, welche für die Führung schmaler
Schläge überhaupt spricht, besonders aber der Schutz vor Dürren, welche auf
großen Flächen gefährlicher sind, als auf kleinen resp. schmalen.

Schlagführung und Aufbereitung.

Wir werden unseren Hieb pro 1868 am 1. Oktober 1867, (Vorquartal)
beginnen und zuerst alles trockene, abständige Holz einschlagen und unseren
Kahl=Hieb im Jagen 13 b auf 10 Morgen an der Feldkante anfangend, in der
Art beginnen, daß wir das Holz stehend roden. Dadurch haben wir den Vor=
theil, daß der fallende Baum manche Wurzel mehr mit herausreißt; daß wir
von Insecten verschont bleiben, welche sich in den Stubben und Wurzelresten
einnisten, ein werthvolles Material gewinnen und die Schlagfläche sauber, rein
und zur Arbeit des Waldpfluges geschickt erhalten.

Wir trennen den Stubben bei 6 Zoll Höhe und halten möglichst viel Bau=
holz und zwar bis zu einer Zopfstärke von 5 Zoll aus. Das Kloben= oder
Scheitholz (über 6 Zoll Durchmesser), das Knüppelholz (von 3 bis 6 Zoll).
Reisig und Stubbenholz wird der Abfuhr, Uebersicht und Ordnung wegen in
geraden parallelen Streifen aufgesetzt, so daß 1 Klafter stets 108 Kubikfuß
Raum hat und zwar meist 3 Fuß hoch, 12 Fuß breit und bei einer Kloben=
länge von 3 Fuß, 3 Fuß tief. (3 . 12 . 3 = 108 C') oder 9 . 4 . 3 = 108.

Das Bauholz wird am Stammende in schwarzer Oelfarbe mit Ordnungs=
Nummer, Länge und mittlerem Umfang oder Durchmesser versehen, und das
Brennholz mit Nummer; jede einzelne Klafter getrennt auf einen hervorragenden
Scheit. Man numerirt auch das Bauholz in der Mitte des Stammes statt
am Stammende, oder auch in der Mitte und am Stammende und bedient sich
statt Oelfarbe auch des Rothstifts oder Kohle. Für Böttcher wird starkscheitiges,
geradspaltiges Nutzholz ausgesetzt und vornehmlich von solchen Bauhölzern ge=
wonnen, von denen ein Theil faul ist, welcher ausgeschnitten wird. Der ge=
sunde Ueberrest von dergleichen Holz ist dann meist zu kurz zu Bauholz aber
bei seiner Stärke zu Böttcherholz wohl tauglich. Starke kurze Bauholz=Ab=
schnitte vom Stammende von 12—24 Fuß Länge und nicht unter 10—12 Zoll
mittler Stärke werden Sageblöcke genannt und als Nutzenden zu einer höheren
als der Bauholz=Taxe verkauft.

Holz-Taxen.

Man theilt in unserem Grünwalder Forste das Bauholz je nach seiner
Stärke und seinem Werthe in 6 Klassen, von 20 zu 20 Cubikfuß graduirt
z. B.*)   1 — 20 Cubikfuß à C' 1 Sgr. 6 Pf.

21 — 40	=	à C'	2	=	—	=
41 — 60	=	à C'	2	=	6	=
61 — 80	=	à C'	3	=	—	=
81 — 100	=	à C'	3	=	6	=
über 100	=	à C'	4	=	—	=

Sageblöcke und Nutzenden à C' 5 = — =

Derbholz
{ 80 Cubikfuß Bauholz sind = 1 Klafter,
80 = Nutzholz (Böttcherholz) = 1 Klafter,
75 = Kloben= oder Scheit = 1 Klafter,
60 = Knüppel oder Ast = 1 Klafter.

Stock= u. Reisigholz
{ 40 Cubikfuß Stubben oder Stock= = 1 Klafter.
40 = Reiser = 1 Klafter Reiser (3'),
20 = = = 1 · = (mit Spitzen).

Die Kenntniß dieser Zahlen ist wichtig, um sie sowohl bei Aufstellung des
jährlichen Hauungsplans zu benutzen, als auch bei der Controle über den statt=
gefundenen Hieb. Das specielle weiter unten.

---

*) Die Methode, das Bauholz in Stufen von 10 zu 10 Cubikfuß zu graduiren, ist um=
ständlich für das Rechnungswesen und erschwert für Käufer und Verkäufer unnöthig das
Geschäft.

Klaftergehalt.

Aeußerlich hat jede Klafter 108 Cubikfuß Raum, (gewöhnlich 6 Fuß hoch 6 Fuß breit und 3 Fuß Scheitlänge oder 4′, 9′, 3′ oder 3′, 12′, 3′), aber mit Anrechnung der Zwischenräume den oben angegebenen wirklichen Inhalt. Man hat diese Zahlen dadurch ermittelt, daß man in einen Holzkasten von bekanntem Inhalt das Holz schichtete, Wasser darauf goß und nach Herausnahme des Holzes die Differenz, um welche das Wasser im Kasten gesunken war, maß.

Holzhauermeister.

Um die Aufsicht im Schlage zu führen und nur mit einer Person zu thun zu haben, wird man gut thun, einen Holzhauermeister auf Contract, das Engagement, die Controle und das Verlohnen der Holzhauer zu übergeben, welcher für jeden Thaler Hauerlohn 2 Sgr. von den Holzschlägern enthält, und dafür auch Pinsel, Oelfarbe ankaufen, das Numeriren besorgen, sowie die Aufsicht über die Culturen als Vorarbeiter übernehmen und neben manchem andern auch darauf sehen muß, daß die Holzschläger die Stubbenlöcher gehörig und sofort einebenen. — Die gewöhnlichsten, in vielen Kiefernforsten auftretenden Hauerlohnssätze in Gegenden, wo das Mannestagelohn 6—10 Sgr. beträgt, sind nachstehende: pro Cubikfuß Bauholz, Reißlatten, Rundlatten 1 Pf.; für 1 Schock Hopfenstangen, Baumpfähle 5 Sgr.; für 1 Schock Bohnenstangen, Dachstöcke, Bandstöcke 2½ Sgr.; für 1 Schock Faschinen von 6 Fuß Länge 20 Sgr.; für 1 Klftr. Nutzholz 20 Sgr.; 1 Klftr. Kloben 12 Sgr.; 1 Klftr. Knüppel 10 Sgr. 1 Klftr. Stubben 1 Thlr. bis 1 Thlr. 5 Sgr.; 1 Klftr. ausgeknüppelte Reiser 8 Sgr.; 1 Klftr. Reiser mit Spitzen 4 Sgr.

In keinem Schlage darf, ehe er vollständig numerirt und abgenommen ist, der Verkauf beginnen, da sonst Diebstähle möglich sind. Im Interesse des Waldbesitzers liegt es, das Holz im Wege des meistbietenden Verkaufs auf Grund öffentlicher Bekanntmachung zu veräußern.

Cultur. Waldpflug.

Da das Holz gewöhnlich innerhalb 8 Wochen nach dem Verkauf abgefahren zu werden pflegt, nachdem es im Laufe des Frühjahrs oder Hochsommer verkauft ist, so wird im Herbst, also im Oktober oder November, der Schlag zum Pflügen mit dem Waldpfluge bereit sein. Er wird dann im nächsten Frühjahr in Anbau gebracht. Kann man in dem Frühjahr, welches dem Winter des Einschlags unmittelbar folgt, die Cultur vornehmen, dann gewinnt man allerdings vor der erstgenannten Methode den einjährigen Zuwachs, allein man hat mehrfach beobachtet, daß das Herbstpflügen und die Cultur in dem darauf folgenden Frühling bessere Erfolge aufzuweisen hat. Jeder Landmann stürzt oder streckt im Herbst sein Feld zur Sommerfrucht. Dadurch zermürbt es im Winter und wird den wohlthätigen Einflüssen der Atmosphäre erschlossen, und in der Folge weniger von Quecken und Samenunkräutern heimgesucht. Im Walde ist dies derselbe Fall. Wenn wir daher auch, behaupten Viele mit Recht, durch das Herbstpflügen und die Frühjahrssaat, den einjährigen Zuwachs verlieren, so ersetzt uns doch das sichere Gelingen der nach dieser Methode aus= geführten Cultur und die unterbleibenden Kosten der Nachbesserung, reichlich den Verlust. Der Waldpflug ist ein sehr brauchbares Instrument für die Kiefern= forsten des nordöstlichen Deutschlands, wo der Absatz so gut ist, daß man alle Stöcke roden kann und wo der sumpfige, steinige, bergige oder sehr verwurzelte Boden seine Anwendung nicht behindert. Für unsere Grünwalder Forst paßt das Instrument so recht eigentlich. Der Name Waldpflug ist eigentlich nicht richtig, denn das Instrument ist ein eiserner, herzformiger Ruhrhaken mit 2 Streichbrettern und senkrecht auf der Hakenspitze stehendem Messer. Steht das Messer nicht auf der Spitze des Hakens, so setzt sich in dem Zwischenraum allerhand die Fortbewegung des Pfluges hinderndes Material wie Steine, Wurzeln, Erde ꝛc. Die zwei Streichbretter sind enger oder weiter zu stellen und der Körper unseres Instrumentes ganz wie der eines gewöhnlichen Pfluges, selbstverständlich von etwas soliderer Construction und der hölzernen Pflugsohle entbehrend, die ohne Noth die Reibung vermehren und unseren, ohnehin nur mit 4 Pferden zu bewegenden Pflug, noch mehr in seinem Gange erschweren würde. Kein intelligenter Landwirth hat zur Zeit noch einen Pflug mit einer soliden Sohle; wer so antiquirt ist, dergleichen Pflüge zu besitzen, thut offen= bar dasselbe, wie Derjenige, welcher nach weggethautem Schnee auf dem bloßen Sande Schlitten zu fahren unternimmt. Wir ziehen alle 4 Fuß mit dem Wald= pfluge meist von Osten nach Westen, damit die Cultur durch die Wand des stehenbleibenden Balkens nach Süden geschützt sei, eine parallele, etwas ver= tiefte, muldenförmig ausgehöhlte Furche. Die Zwischenräume dieser Furchen nennen wir Balken. Entweder bald im Herbst oder wenn wir keine Arbeiter haben oder ihre Arbeit in den kurzen Herbsttagen uns zu theuer kommt, im Frühling, räumen wir den in den Furchen zurückgeklappten Abraum an Moos, Haidekraut, Wurzeln ꝛc. auf die Balken zurück.

Leider ist diese Operation selbst bei den bestconstruirtesten Waldpflügen unerläßlich, und z. B. die an dem Alemann'schen Pfluge an beiden Seiten an= gebrachten scharfen Schneiden verrichten den ihnen übertragenen Dienst nicht nach Wunsch und machen das Räumen der Cultur nicht entbehrlich.

Kiefernsaat.

So bleiben die Furchen über Winter liegen und werden dann im Frühling mit 3—4 Pfd. abgeflügelten Kiefernsamen in Vollsaat besäet, nachdem der Boden mit scharfen eisernen Harken tief durchlockert worden ist. Nach der Aussaat wird der Samen schwach eingeharkt. Die Einsaat muß zu einer Zeit erfolgen, daß der Samen, welcher 3—4 Wochen liegt, ehe er keimt, wenn er aufgeht, von keinen Spätfrösten getroffen wird, welche ihn tödten. Die Samenhandlungen von Helm's Söhne in Groß Tabarcz bei Gotha und von Appel in Darmstadt sind sehr zu empfehlen und garantiren für guten keimfähigen Samen.

Keimproben.

Bei anderweit bezogenem Samen wird man eine Keimprobe mit 100 Körnern in einem Blumentopf oder in einem feucht und warm gehaltenen Wolllappen anstellen und danach die Güte beurtheilen. — Uebermäßig ausgedorrte resp. in einem Backofen geklengten Samen erkennt man, wenn man mit einem reinen weißen baumwollenen Tuche in den Samen hineinfährt. Es haften dann an dem Tuche die Kohlen und Aschentheile des Samens.

Streifen= oder Furchenhacken.

Wo man den Waldpflug nicht anwendet, zieht man mit der Rodehacke oder einer breiten Plaggenhaue, den oberen Bodenüberzug abschwartend, Furchen mit Handarbeit, gewöhnlich 12 Zoll breit; breiter wenn der Boden graswüchsig oder naß ist. Im letzteren Falle dossirt man die Furche und säet auf dem oberen Theil den Samen.

Nach dem Abschwarten des Bodens wird dann eine mehr oder minder tiefe Lockerung vorgenommen, je nachdem der Zusammenhang desselben es erfordert. Bei trockenen Jahren ist diese Lockerung im Frühjahr bedenklich, da dann der Saamen oft vertrocknet. Zieht man die Furchen im Herbst, dann sind diese Bedenken nicht vorhanden, denn der Boden hat im Winter Zeit sich zu setzen.

Die Furchen des Waldpfluges sind allermeist tiefer als die mit der Handarbeit gezogenen und gewähren der jungen Pflanze Seitenschutz gegen die Dürre und Feuchtigkeit, da dieselbe nach den tiefsten Stellen, wo der Samen liegt, zusammenströmt. Hierzu tritt der Kostenpunkt, der für den Gebrauch des Waldpfluges spricht. 1 Morgen mit demselben zu pflügen kostet 25 Sgr.

bis 1 Thlr. und die Räumung 10 Sgr., in Summa 1 Thlr. 10 Sgr., ein Preis wofür die Handarbeit nicht zu beschaffen ist. (conf. Anlage F.)

Die Kosten der Saat betragen:

1. Bodenarbeit	— Thr.	25 Sgr.
2. Räumen	— =	10 =
3. 3 Pfd. Kiefernsamen à 15 Sgr.	1 =	15 =
4. Einsaat	— =	10 =
	Summa 3 Thlr.	— Sgr.

Kiefern-Pflanzung.

Nach der speziellen Beschreibung beträgt in unserem Grünwalder Forste die culturbedürftige Fläche 292 Morgen. Von diesen werden wir zunächst die jährliche Schlagfläche von 10 Morgen durch Kiefern-Furchensaat in Bestand bringen, vor Allem aber genau die jüngeren Schonungen durchmustern und die größeren Blößen, mit den älteren Culturen anfangend, durch Pflanzung nachbessern, denn hier fängt der Seitenschatten bereits an, verdämmend zu wirken, der Boden liegt bereits lange bloß und wir müssen bestrebt sein, denselben möglichst bald, und ehe die Schonung sich noch mehr schließt, zu decken und in Bestand zu bringen. Es ist eine saure, aber streng gebotene Pflicht, keinen Ort bezüglich der Nachbesserungen eher zu verlassen, bis nicht alle Lücken und Fehlstellen gedeckt sind und wir dürfen in diesem Geschäfte nicht ermüden. Unseren Pflanzenbedarf an einjährigen Kiefern müssen wir uns selbst beschaffen, denn Pflanzen anzukaufen ist, selbst wenn sie zu haben sein sollten, theuer und unser Culturfond ist auf dergleichen große Ausgaben nicht zugeschnitten.

Kiefernsaatkamp.

Wir müssen daher in den ersten Jahren, bis wir die älteren lückenhaften Schonungen gefüllt haben, einen Kiefernsaatkamp von $^1/_2$ Morgen anlegen. Wir wählen dazu möglichst in Mitte oder nahe an den zu bepflanzenden Orten eine Fläche von möglichst frischem Boden, stecken den Kamp 9 Ruthen breit und 10 Ruthen lang ab und lassen ihn im Akkord für 2 Sgr. pro Quadratruthe 10 Zoll tief rayolen, damit unsere Pflänzlinge lange Wurzeln treiben und unabhängig von dem jeweiligen Feuchtigkeitsgrade der Oberfläche sich ihre Nahrung aus der Tiefe zu holen vermögen. Nachdem der Kamp gegraben und von Wurzeln, Steinen und Quecken gereinigt ist, wird er klar geharkt, mit 4 Zoll entfernten Rillen, durch ein Karrenrad vorgezeichnet, bezogen und die Rillen mit 20 Pfd. Kiefernsamen besäet. Wir bedecken ihn lose mit Kiefern-

Reifig, damit der Wind den Samen nicht verweht und die Finken den Samen nicht wegfressen.

Gegen sie besteckten wir den Kamp noch mit kleinen Stangen, an denen im Winde flatternde Papier= und Leinwandlappen befestigt werden, um die zudringlichen Vögel, Finken und wilde Tauben, zu scheuchen. Um den Kamp vor Wild zu sichern, wird derselbe mit einem 5—6 Fuß hohen Zaun von kiefernen Rückstangen versehen. Der Kamp von ½ Morgen kostet uns an

$$a) \text{ Bodenarbeit, Harken und Einsaat} \quad 6 \quad \text{Thlr.}$$
$$b) \text{ 20 Pfd. Samen à 15 Sgr.} \quad\quad 10 \quad =$$
$$c) \text{ Zaun excl. Holzwerth} \quad\quad\quad 1½ \quad =$$
$$\text{Summa } 17½ \text{ Thlr.}$$

Wir gewinnen, wenn er geräth, im folgenden Frühjahr unsern Pflanzen= bedarf an 1jährigen Kiefern reichlich, denn bei mäßiger Schätzung kann der= selbe 3—4000 Schock Pflanzen geben.

Haben wir erst die Lücken unserer älteren Culturen gefüllt, dann werden wir mit einer kleineren Kampfläche von ⅛ bis ¼ Morgen reichlich auskommen, ja wir werden selbst einen größeren Theil unserer jährlichen Schlagfläche von 10 Morgen anpflanzen können, und noch mehre hundert Schock zum Verkauf à 6 Pf. pro Schock übrig behalten und somit einen Theil unserer jährlichen Culturkosten ersetzt erhalten. — Der Boden unseres Forstes ist so wenig bin= dend, daß wir nicht darauf rechnen können, größere Pflanzen mit dem Ballen oder Mutterboden zu erziehen; die Pflanzung derselben ist überdies kostbar und die Pflanzung einjähriger Kiefern mit langen und bloßen Wurzeln sicherer. — Im Herbst des Jahres, wo der Kamp angelegt wurde, besteckten wir ihn mit Kiefern=Reisig, welches wir bis zum Frühjahr belassen, um die jungen Pflanzen vor dem Rothwerden der Nadeln (Schütten) und Absterben zu schützen. Das Reisig, welches wir bei der Anlage des Kampes auf denselben legten, wird nach dem Aufgehen des Samens mit Vorsicht entfernt und im Laufe des Sommers das etwa sich zeigende Unkraut und Gras gejätet.

Im Frühjahr, wenn die Pflanzen 1 Jahr alt sind, werden sie zur Auspflanzung mit Sorgfalt ausgehoben, ohne die Wurzeln zu verletzen, und mit bloßen Wurzeln mit dem Pflanzeisen eingepflanzt. Dieses Pflanzeisen, von dem Oberforstmeister Wartenberg nach dem von Buttler'schen modificirt und mit einem Holzgriff versehen, wird mit großem Erfolg in den Forsten der Reg.=Bez. Marienwerder und Stettin angewandt, und ist besser als der gewöhnliche dreikantige hölzerne Pflanzdolch. Es ist conisch, auf einer Seite platt, und um nicht zu schwer zu sein, in seinem Körper durchbrochen. Der Stiel ist 2 Fuß, das Eisen selbst 1½ Fuß lang und kostet gegossen 1 Thlr., geschmiedet 2 Thlr. Die geschmiedeten sind natürlich halt=

barer als die gegossenen, welche letzteren vornehmlich auf dem wurzel= und stein=
losen Sandboden gehören.

Man stößt, den Stiel mit beiden Händen anfassend, ein Loch in den
Boden, und eine Arbeiterin, welche wohlfeiler als ein Mann arbeitet, dazu auch
für dieses Geschäft mehr Geschicklichkeit an den Tag legt, nimmt die ballenlose
einjährige Kiefernpflanze, welche vorher entweder im Sandboden gewälzt oder
in Lehmbrühe getaucht ist, (theils um die Wurzel senkrecht herabzusenken und
ihr etwas Schwere zu verleihen, theils auch um der Pflanze etwas nahrhaften
Erdboden mitzugeben) hängt dieselbe sorgsam auf die abgeplattete Eisenseite
ins Pflanzloch und der Arbeiter drückt resp. schiebt mit der glatten Seite des
Pflanzeisens, von der Spitze des Eisens beginnend, Erde an die Pflanze an.
Es kommt besonders darauf an, daß die Wurzel in ihre natürliche Lage zu
hängen kommt und niemals gekrümmt wird, daß der Pflanzenvorrath, welcher
ausgehoben ist, vor dem Einpflanzen frisch und beschattet gehalten wird, denn
die kleinen zarten Wurzelschwämmchen vertrocknen sofort, und von ihrer Lebens=
fähigkeit und Frische hängt das baldige Anwurzeln und Gedeihen der jungen
Kiefernpflanze allein ab.

Wir pflanzen gewöhnlich in 4 Fuß entfernten Reihen und 2 Fuß in den
Reihen, bedürfen 43 Schock pro Morgen, was à 6 Pf. 21 Sgr. 6 Pf. kostet.
Diese Pflanzung ist demnach wohlfeil und wohlfeiler als die Saat, wenn wir,
wie im trocknen lockern Sandboden, keine Bodenarbeit vor dem Pflanzen bedürfen.

Sie kostet pro Morgen incl. Pflanzen=Material:

1. Abstecken der Reihen und Plätze mit der Leine 15 Sgr. — Pf.
2. Pflanzen   21 = 6 =
3. Pflanzgut 43 Schck. à 6 Pf.   21 = 6 =

Summa 1 Thlr. 28 Sgr. — Pf.

erheblich wohlfeiler als die Saat, welche 3 Thlr. pro Morgen kostet. In vielen
Fällen aber können wir die Bodenvorbereitung nicht entbehren. Diese Boden=
vorbereitung besteht entweder wie bei der Saat in dem Ziehen von Waldpflug=
furchen in 4 Fuß Entfernung und Einpflanzen der 1jähr. Kiefern in 2 Fuß
Entfernung, wobei die Pflanzen schattig und feucht stehend, vortrefflich gedeihen,*)
oder in dem Graben von 1 ☐ Fuß großen,
4 Fuß von einander entfernten und minde=
stens 1 Fuß tief gelockerten Plätzen (je nach
der Wurzel=Länge der Pflanzen) und in dem

---

*) Kosten incl. Pflanz=Material pro Morgen:

1. Bodenarbeit   1 Thlr. 5 Sgr. — Pf.
2. Räumen   — = 12 = — =
3. Pflanzen   — = 21 = 6 =
4. 43 Schck. Pflanzen à 6 Pf. — = 21 = 6 =

Summa 3 Thlr. — Sgr. — Pf.

Einpflanzen von je 2 Pflanzen in jedem Platz in der Diagonale. Diese Methode erfordert 54 Schock pro Morgen. — In den meisten Fällen wird man die Stellen, wo die Plätze treffen, von dem Bodenüberzug durch Abschwarten befreien müssen. — Die Kosten betragen pro Morgen incl. Pflanzgut:

1.	Bodenarbeit	1 Thlr.	5 Sgr.
2.	Räumen	— =	10 =
3.	Pflanzen 54 Schck. à 6 Pf.	— =	27 =
4.	54 Schck. Pflanzen à 6 Pf.	— =	27 =

Summa 3 Thlr. 9 Sgr.

Nur 9 Sgr. theurer als die Saat. Die einjährige Kiefernpflanzung, welche, wie wir zeigten, wohlfeiler, gleich oder wenig höher wie die Saat zu stehen kommt, ist aus diesem Grunde und wenn sie mit Sorgfalt ausgeführt wird, wegen ihrer Sicherheit sehr zu empfehlen und hat in neuerer Zeit eine große, wohlverdiente Verbreitung gefunden.

Auch mit dem Spaten kann man die Pflanzung einjähriger Kiefern aus= führen; man stößt mit einem scharfen, wohlverstählten Spaten einen senkrechten Spalt in die Erde, welchen man durch Hin= und Herbewegen des Spatens oben erweitert und hängt die Pflanze ganz in derselben Weise, wie es bei dem Pflanzeisen beschrieben ist, ein. Selbst bei gleichem Gelingen der Pflanzung hat die Spatenarbeit den Nachtheil, daß sie schwerer ist und einen größeren Kraft= aufwand erfordert, als die Anwendung des Pflanzeisens bei Nachbesserungen; im festen, lange bloß gelegenen, verrasten Boden, auf alten Wegen geht der Pflanzeisen= und Spaten=Pflanzung die tiefe Lockerung mit dem Spaten vor= her; in Saaten und Pflanzungen ist der braune Heidehumus ganz zu entfernen und in den klaren Sand zu säen oder zu pflanzen.

Eine tiefe Lockerung des Pflanzloches ist Hauptbedingung des erfreulichen Wuchses der gepflanzten einjährigen Kiefern, welche ihr Wohlbefinden schon im ersten Jahre durch einen langen Höhentrieb und Treiben von Seitenzweigen bekunden.

Alte Wege, welche sich durch die Kultur ziehen und nicht etwa offen zu halten sind, werden nie besäet, da der Boden zu hart ist, sondern stets, nach= dem sie tief gelockert worden sind, bepflanzt. — Man wird darauf Bedacht nehmen, die Wege, welche sich durch eine Cultur ziehen und gewöhnlich krumm laufen, gerade zu ziehen, da wir dadurch weniger Fläche brauchen, und es unser Bestreben ist, möglichst viel Holz auf der kleinsten Fläche in der kürzesten Zeit mit den geringsten Kosten zu erziehen. Auch zweijährige Kiefern können wir noch mit Erfolg ohne Ballen verpflanzen; ältere jedoch nicht, es unter= bleibt daher die Ballenpflanzung in unserem Forst, da die Ballen in dem losen Sandboden auseinander fallen.

Wo unsere Culturen besseren Boden haben, welcher etwas tief liegt, feucht

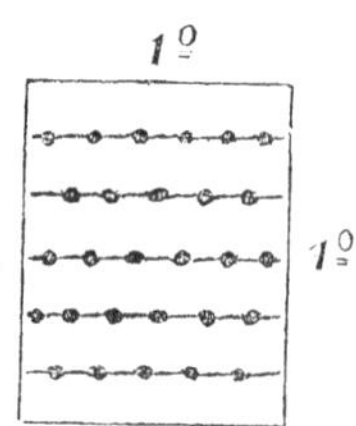

und humos ist, werden wir in der Kiefernsaat oder Pflan=
zung im Herbst, wenn keine Mäuse sind, oder im Frühling
einige 1 □ R. große Plätze abstecken und 4 oder 5 Reihen
12—18 Zoll tief lockern. In diese Reihen stecken wir 2
Zoll tief und 2 Zoll von einander entfernt, je eine gesunde
Eichel (weißgelb auf dem Durchschnitt, der Kern fest an
die Schale schließend, nicht klappernd in derselben und
nicht mit runzlichter Schale). Auf diese Weise erwerben
wir uns ein Verdienst um die kommenden Geschlechter durch die Nachzucht des
so sehr fehlenden, unentbehrlichen Eichenholzes. — Wir nehmen darauf Bedacht,
daß die Eichen durch die schneller wachsenden, seitlich stehenden Kiefern nicht
unterdrückt werden und ästen und hauen die zu nahe stehenden Kiefern fort.

Die Ränder unserer Jagen werden wir, wenn Culturen an dieselben
stoßen, mit 2 Reihen junger Birken 5 Fuß von einander entfernt bepflanzen,
ebenso die Wege durch die Forst. Dadurch gewinnen wir ein werthvolles
Schirr= und Wagnerholz für den Bedarf des Gutes und zum Verkauf, und
haben durch die Birkenwand die Gefahr des Waldfeuers vermindert. Wir
ziehen uns unsere Birken selbst und kaufen zu diesem Behuf von den oben ge=
nannten bewährten Samenhändlern einige (ca. 10 Pfd.) Birkensamen, welchen
wir an einer Stelle des Kiefernsaatkamps in Vollsaat aussäen und einharken.
In 3—4 Jahren sind die Birken zum Verpflanzen ohne Ballen bereit. Alte
Birkenpflanzen mit weißer Rinde taugen zum Verpflanzen nicht, sonden gehen
nicht an.

Zuweilen finden sich in Kiefernforsten schmale, oft nur wenige Ruthen
breite Erlenniederungen auf Moor oder Torfboden; nicht selten auf letzterem
Boden Kiefern von krüppelhaftem Wuchse, da der flache Wasserspiegel die
Verlängerung der langen Pfahlwurzel der Kiefer verhindert. Diese Orte
werden mit dem umgebenden Holze gleichzeitig abgetrieben, wenn sie mit
Erlen oder Kiefern bestanden und sehr schmal sind. Der Stockausschlag der
Erlen, welche keinen Schatten vertragen, erfolgt dann aber sehr sparsam, und
es ist daher in vielen Fällen geboten, nach Ziehung eines Sammelgrabens die
Einsenkung wie den umgebenden Bestand mit Kiefern anzubauen. — Da die
Erle nur 60 Jahre, die Kiefer aber 120 Jahre alt wird, so wird man, wenn
dergleichen Brücher breit und umfangreich sind, im Alter von 60 Jahren die
Erle auf den Stock setzen, und in einem Kiefernumtrieb zwei Erlenhiebe haben.
Im Allgemeinen hat sich jedoch der Wasserspiegel sehr gesenkt, und es werden
daher Erlenbrücher selbst von Umfang oft in Nadelholz umgewandelt werden
können. Bei dem Abtrieb der Erlen muß der Hieb tief erfolgen, damit die
die Ausschläge selbst Wurzel fassen. — Ist der Boden im Bruch nicht Moor
sondern Torf, dann ist, da der reine Torf wegen des wechselnden Feuchtigkeits=

grades jeden Holzanbau unmöglich macht, die Einschüttung von Sand vor dem Wiederanbau das einzige Mittel, um Holz auf solchen Stellen fortzuziehen. Es ist dann die Kiefer zu wählen.

Wir erwähnten oben des Waldfeuers, einer gewöhnlichen, oft auftretenden Plage der Nadelholz= und hauptsächlich der Kiefernforsten, besonders bei trockner Sommerzeit. Eine stete Aufsicht über die jungen Orte und Stangen=hölzer ist von Seiten des Försters im Sommer erforderlich. Das Tabakrauchen aus Pfeifen ohne Deckel, das Schießen mit Werg oder Papierpropfen ist zur Sommerzeit verpönt. Ist ein Waldbrand entstanden, dann schlagen wir ihn mit Kiefern=Reisern zuerst an der Seite aus, wohin der Wind steht; mit dem Fuß, mit Holz, Spaten oder Harke machen wir den Boden wund, daß das Feuer nicht weiter laufen kann und holen aus den benachbarten Dörfern Mannschaften zur Löschung. Auch Einschlag von Holz in nicht unmittelbarer Nähe des Feuers, um von ihm nicht vertrieben zu werden, ist anzuwenden; wir opfern einen kleinen Streifen, um eine große Fläche zu retten.

Gegenfeuer an der Seite zu machen wohin der Wind steht, ist bedenklich, man fügt dann oft zu dem vorhandenen Brand, und ohne ihn durch das Gegenfeuer löschen zu können einen zweiten hinzu, der sich ebenso ausbreitet.

Die große Kiefernraupe.

Wir erwähnten oben, daß die Trennung der Alterklassen des Windes, Feuers und der Insekten wegen nöthig ist. Von letzteren ist in unserem Kiefern=forst besonders gefährlich die große Kiefernraupe. Jeden Herbst und Frühjahr suchen wir im älteren Holze und starkem Stangenholze am Fuße der Kiefern einen Kreis von 2—3 Fuß rund um den Stamm ab. Unter Moos und Nadeln liegen zusammengerollt bis zur Größe eines Silbersechsers die grauen, mit zwei blauen Nackenstreifen versehenen Raupen, die nicht zu verkennen sind. Wir sammeln sie und ebenso die gefundenen Puppen anderer Insekten. Zeigt sich, daß im Durchschnitt auf jeden Stamm 1½—2 Raupen kommen, dann beginnt das Sammeln in größerem Umfang durch Weiber und Kinder, deren Arbeit bei gleicher Leistung wohlfeiler ist. Wir setzen dann einen combinirten Tagelohn Accord in folgender Art fest, z. B.: 20 Menschen sammelten in einem Tage 3000 Raupen. Da diese Menschen in Summa einen Tagelohn von à 6 Sgr. = 6. 20 Sgr. = 4 Thlr. verdienen müssen, so kommt das Hundert Raupen auf 4 Sgr. zu stehen.

A. sammelte 150 Raupen und erhält 6 Sgr.

B.   =   200   =   =   =   8 =

C.   =   250   =   =   =   10 = 2c.

es wird somit stets nur das in Summa an jedem Tage verdiente Tagelohn zur Vertheilung gebracht, an welchem der fleißige und glückliche Sammler einen größern Antheil hat, als der saumselige und vom Glück des Auffindens nicht begünstigte. Ein strenges Festhalten an einem bestimmten Accordsatz schädigt entweder den Waldbesitzer oder Arbeiter, denn die Raupen liegen zu verschieden dicht und das sorgsamste Probesammeln giebt keinen Anhalt für den Accordsatz.

Jeder Baum wird abgesammelt. Da der Förster die Aufsicht über viele Menschen nicht allein führen, und seine andere Arbeiten nicht liegen lassen kann, so giebt man ihm zur Unterstützung einen Aufseher bei, welcher sich aber beim Sammeln nicht betheiligen darf, denn in diesem Falle würde er seinen Zweck verfehlen. Der Aufseher muß mit einer Harke versehen sein, um die von den Sammlern abgesuchten Strecken zu revidiren. Der Förster führt die Oberleitung und ist für das ganze Sammelgeschäft verantwortlich; er muß daher auch die Sammelstelle täglich revidiren und die Arbeiter aufschreiben, da man dieses Geschäft dem Aufseher nicht übertragen kann. Die Raupen werden, wenn auch nicht täglich, doch ein oder mehre Male in der Woche abgenommen und zwar, da die Zählung zu umständlich ist, in einem Hohlmaaß (Quart), in welches durchschnittlich 1200 Raupen gehen. — An jedem Morgen werden die Gefäße der Sammler revidirt, um zu verhüten, daß nicht etwa, wenn auf mehren Stellen im Forste gesammelt wird, Raupen von Stellen, wo sie in Menge vorkommen und niedrig bezahlt werden, nach einer Stelle eingeschmuggelt werden, wo ihr geringeres Vorkommen ein höheres Lohn veranlaßt. Dieser Unterschleif ist schwer zu verhüten, da jeder Sammler erst nach der Morgen-Revision der Gefäße die einzuschmuggelnden Raupen hineinthun kann, aber übergroße abgelieferte Raupenmengen werden bald den Fälscher entlarven. Die gesammelten Raupen werden vernichtet, entweder durch Verbrennen oder tiefes Vergraben. Im letzteren Falle zeichnen sich solche Stellen noch nach vielen Jahren durch den trefflichen Stand ihrer Früchte auf dem stark gedüng= ten, tief gelockerten Boden aus.

Daß man das Vergraben der Raupen nicht auf offen zugänglichem Felde, sondern innerhalb des eingefriedigten Gartens vornimmt, wird zur Vermeidung von Unterschleifen rathsam sein.

Der Laie meint, man könne einen ganzen großen Wald nicht Stamm für Stamm absuchen. Diese Ansicht wird durch viele Beispiele und die Praxis des Referenten dieser Zeilen widerlegt, welcher im Winter 1866 und 1867 einen 20,000 Morgen großen Kiefernforst bis auf die schwachen Stangenhölzer herab, Stamm für Stamm absuchen ließ. Es wurden gesammelt 2964⅞ Quart mit 3,789,073 Kiefernraupen (incl. einiger anderen Puppen) in 10,410 Arbeitstagen und dafür verausgabt 2146 Thlr. 28 Sgr. 3 Pf.

Man lasse sich das Geld für das Sammeln nicht leid werden, denn dieses rentirt sich reichlich, während übel angebrachte Sparsamkeit die größten und unersetzlichsten Verluste im Gefolge hat.

Die Kieferneule, ein braunrother Falter, eine graue Raupe und Puppe mit 2 Spitzen am unteren Ende, vom August den Winter durch zwischen Moos und Erde liegend, namentlich durch Schweinebetrieb zu verfolgen, ist ein gefährliches Insect, welches besonders in den Kiefernstangenhölzern auftritt. Durch Schweinebetrieb ebenfalls zu vertilgen sind die große und kleine Kiefernblattwespe, erstere mit 2 Bruten (doppelte Generation) in einem Jahre, und der Kiefernspanner. — Der Kiefernmarkkäfer, welcher die Markröhren der jungen Triebe derartig zerstört, daß sie oft wie gesäet unter der Krone des Stammes liegen, und welcher der davon befallenen Kiefer ein struppiges Ansehen des Wipfels giebt, ist dadurch schädlich, daß er den Zuwachs vermindert. — Die unter Fichten reichlich liegenden Zweige (Absprünge) rühren nicht vom Eichhörnchen her, sondern sind Folge des Saftandrangs und Vorboten eines Samenjahres.

Der Rüsselkäfer.

Ein zweiter sehr großer Feind der Kiefern- und Fichten-Culturen ist der große und kleine braune Rüsselkäfer, ein dunkelbrauner, weißpunktirter Käfer mit großem Rüssel. Er sticht und verletzt mit seinem Rüssel die Rinde; legt am Wurzelknoten die Eier ab, dort entwickeln sich Maden, Puppen und Käfer. Sorgfältige Stockrodung der Schläge vermindert ihn, vertilgt ihn aber nicht ganz, da er auch in den Wurzelresten, welche im Boden zurückbleiben, sich fortpflanzt. Seine Anwesenheit auf der Cultur erkennt man an den gelb werdenden, die Zweige schlaff herablassenden jungen Kiefern. Man legt dann Fangkloben in der Saftzeit, d. h. man klöbt im Mai starke Scheite von 3 Fuß Länge und legt sie, nachdem $\frac{1}{3}$—$\frac{1}{2}$ der Rindenfläche abgeschält ist, auf die Balken der Cultur in den muldenförmig ausgehöhlten, frischen Boden. Das austretende Harz lockt den nach Nahrung und Kühle begehrlichen Käfer in Menge an, der dort öfter, je nach Bedürfniß, abgesammelt wird. Ist die Rinde vertrocknet, dann wird die übrige zu $\frac{1}{4}$, $\frac{1}{3}$ oder $\frac{1}{2}$ nach und nach abgeschält. Die angestochenen jungen Kiefern muß man im Sommer und Herbst zeitig und ehe die Brut entschlüpft, ausreißen und verbrennen. Auch noch bevor man Schaden von dem Käfer bemerkt, lege man einige Fangkloben aus. Es werden sich stets einige, wenn auch wenige finden, denn die Natur sorgt dafür, daß die Art nicht ausgeht. Der Käfer ist nicht zu verkennen; er zeichnet sich durch seinen Rüssel aus, und verdient unsere volle Aufmerksamkeit. Es muß noch hervorgehoben werden, daß beide Maßregeln das Auslegen der Fangkloben und das Ausreißen und Verbrennen der angestochenen Pflanzen unerläßlich sind. Eine ohne die andere anzuwenden, wäre unverantwortlich und würde das Insekt nicht bis zur Unschädlichkeit vertilgen; leider hat das Ausreißen der angestochenen gelb oder ohne Nadeln dastehenden jungen Kiefern-Pflanzen auf den Schonungen noch nicht die verdiente Verbreitung und Anwendung und der Verfasser kann aus eigener Erfahrung nicht dringend genug darauf aufmerksam machen.

Im Juni, wenn sich keine Käfer mehr unter den Kloben sammeln, setzt man dieselben klafterweise auf, daher die oben vorgeschriebene Klobenlänge von 3 Fuß. Das Sammeln der Käfer an den Kiefern selbst ist mühsam und wenig lohnend, da die Käfer sich bei der leisesten Berührung herabfallen lassen und im Moos und der sonstigen Bodendecke verschwinden. Stärkere 5—6 Jahr alte Nadelholz-Pflanzen auf frisch gerodeten Schlägen zu pflanzen, ist des Rüsselkäfers halber meist ohne Erfolg.

Der Maikäfer.

Ein anderer Feind ist der Maikäfer, welcher, da er 5 Jahre zu seiner vollständigen Ausbildung braucht, in Zeiträumen von 5 zu 5 Jahren dann erheblich verheerend in den Pflanzungen auftritt, wenn günstige Witterungs-Einflüsse sein Gedeihen befördern. Der Käfer thut weniger Schaden durch Benagen und Fressen des Laubes; desto mehr aber seine, auch der Landwirthschaft und z. B. den Kleefeldern gefährliche Larve, welche Jedermann unter dem Namen „Engerlinge" bekannt ist.

Beim Umbruch der Kleebrache findet man oft reichlich in den Pflugfurchen liegende Engerlinge, deren Sammlung gerathen ist. Auch das Sammeln und Tödten der Käfer hilft seinen Schaden vermindern. Auf forstliche Anlagen, Saatkämpen rc. soll es gerathen sein, nahe bei denselben 6 Zoll hoch frischen Kuhdung, mit möglichst wenig Stroh vermischt, auf einer einige Fuß breiten und langen Fläche aufzuschichten, denselben dünn mit Sand zu bedecken und den Käfer auf diese Weise zum Ablegen der Eier in die Dungschicht zu veranlassen. Hier kann dann die Brut leicht vertilgt werden.

Das gefährlichste Insect, welches in den jüngsten Jahren in den Forsten von Ostpreußen so gewaltige Verheerungen anrichtete, daß bis heute die traurigen Folgen noch nicht überwunden sind, ist die Nonne; sie ist deswegen so gefährlich, weil nur wenige und nur sehr schnell vorübergehende Vertilgungsmittel (Tödten der Spiegel) zu Gebote stehen. Der weiße, mit schwarzen Zickzackstreifen besetzte Falter, mit rosenrother Färbung des Hinterleibes beim Weibchen, fliegt im Juli; die Eier überwintern am Stamm in allen Höhen und die in sogenannten Spiegeln zusammensitzenden und sich bald bei warmen Frühjahrswetter zerstreuenden Raupen bieten den alleinigen wirksamen Angriffspunkt dieses gefährlichen Insectes, welches Kiefern, Fichten, Laubholz, Birken und Haidelbeerkraut verzehrt und nur zum Theil frißt, den Ueberrest aber herabwirft.

Ein böser Feind der Fichtenwaldungen ist der kleine gelbe oder braune Fichtenborkenkäfer, im Mai in großen Massen fliegend und sich zuerst in kränkelnde und dann bei großer Vermehrung in gesunde Fichten einbohrend. Der zuströmende Saft vernichtet zwar viele, aber ein Theil der Käfer bleibt unversehrt und neue anfallende Schwärme setzen das Geschäft der Zerstörung fort. Dies ist die einfache Entscheidung der Frage, ob der Käfer gesundes oder krankes Holz angehe. — Die graulich schimmernde Rinde, die schwache Be=nadelung und das schon von weitem sich zeigende kränkliche Ansehen der Fichten führen uns zu den Brutstätten und in dieser frischen Trockniß müssen wir hauen, nicht erst dann, wenn die Rinde bereits im Winde flattert. Man legt oder wirft vom Mai ab Fichten=Fangbäume, und entrindet, wenn der Baum voll Brut ist, sorgsam auf Unterlagen von Laken die Fichte, deren Borke nebst anhaftender Brut man verbrennt. — Sorgsames und baldiges Aufräumen von Fichten Windbrüchen verhindern die Ausbreitung des Insects.

Manche sagen: wir können die Insecten doch nicht ganz vertilgen, die Natur sorgt, daß die Art nicht ausgeht, und wir wollen daher derselben und der, der Vermehrung ungünstigen Witterung Alles überlassen, und Mühe und Kosten sparen. Diesen geben wir zur Antwort, daß ihre Ansicht irrig ist, und daß der Mensch mit aller Energie bei der Vertilgung einschreiten muß, wenn er nicht durch Schaden klug werden will, was doch allermeist sehr theuer zu stehen kommt.

Schonung der Vögel.

Wir müssen zunächst alle Insecten vertilgenden Vögel und Vierfüßler schonen. Alle Vögel mit Ausschluß der räuberischen Elster sind mehr nützlich als schädlich, und so braucht z. B. der gefräßige Kukuk täglich eine große Menge haariger Raupen. Neben dem Aufhängen künstlicher Nistkästen, nahe bei mensch=lichen Wohnungen, ist für die in Höhlen brütenden Vögel die Beschaffung natürlicher Höhlen in hohlen Bäumen dringend. Beim trocknen Durchhieb lassen wir daher dann und wann eine hohle Kiefer, Eiche 2c. stehen. Sodann müssen wir aber auch die nützlichen Insecten schonen, die als Räuber, wie z. B. alle Laufkäfer, oder als Schmarotzer unseren Zwecken in der Insectenver=tilgung dienstbar sind. Als Schmarotzer nennen wir vor Allem die nützlichen Ichneumonen oder Schlupfwespen. Sie legen bei großer Raupenmenge in die Leiber der Raupen Eier, welche sich zu Larven und Puppen ausbilden, als Wespen ausfliegen, und dadurch die Raupe zuerst krank machen und dann tödten. Sie treten bei einem Raupenfraße in erstaunlicher Menge auf und gebieten, neben den Einflüssen schlechter Witterung oder dem Mangel an Nahrung, der Verwüstung Stillstand.

Waldwerth=Berechnung.

Der Grünwalder Gutsforst ist kein unwandelbar im Besitz einer Familie bleibendes Majorats=Gut, sondern ein Allodium, welches beliebig veräußert

werden kann. Wir hegen nun zwar den Wunsch, daß der Forst in treuer Er-
füllung des von uns vorgeschriebenen Wirthschaftsplanes im Besitz der jetzigen
Familie von Glied zu Glied forterbe und mindestens bis zu dem Ablauf des
ersten Umtriebes d. h. bis zum Jahre 1988 im Besitz des Urenkels des jetzigen
Herrn sei; indeß alles Irdische ist dem Wechsel unterworfen und Börne sagt
treffend: nichts ist dauernd als der Wechsel (er meint damit nicht den Wechsel,
den Studenten und andere lebhafte junge Leute von ihren Vätern erhalten und
welcher leider nur zu wenig dauernd zu sein pflegt, sondern den Wechsel aller
irdischen Dinge), nichts ist beständig als der Tod 2c. Auf den Fall also, daß
Tod, Vermögens- oder andere Verhältnisse den Verkauf des Grünwalder
Forstes erfordern, müssen wir den Geldwerth des Forstes wissen.

Der Forst ist im Allgemeinen von so geringer Bodenbeschaffenheit, daß er
nur als Wald fortzubewirthschaften sein wird, und daß der Verkauf desselben
ganz oder zum Theil als Acker ausgeschlossen bleibt. — Wir hatten bis ver-
flossenes Jahr eine Instruction vom Jahre 1814, welche für die Waldwerthberechnung der preuß. fiscalischen Forsten maßgebend war, aber auf ganz will-
kürlichen, jeder wissenschaftlichen Grundlage entbehrenden Annahmen beruht.
Das Jahr 1866 brachte außer der Errungenschaft von Sadowa unter andern
für die Forsten: die im Verlage der Decker'schen Geh. Ober-Hofbuchdruckerei
(R. v. Decker) erschienene: Anleitung zur Waldwerthberechnung. Im Auftrage
des Finanz-Ministers verfaßt vom Königl. Preuß. Ministerialforst-Bureau.
Die Anleitung ist faßlich, technisch und wissenschaftlich begründet und alle er-
denklich möglichen Fälle durch Beispiele erläuternd. Für unseren Forst wird
pag. 15 § 20 die Grundsätze angegeben, nach welchem der Werth desselben zu
berechnen ist.

Es heißt dort: daß unter Umständen, d. h. bei dem Ankauf großer Flächen
absoluten Holzbodens oder größerer Wald-Complexe, welche nach forstwirth-
schaftlichen Regeln nachhaltig genützt werden sollen, es auch am Orte sein kann,
keine gesonderte Boden- und Holzwerthberechnung anzulegen, sondern nach den
für die Staatswaldungen gültigen Bestimmungen einen Betriebsplan aufzustellen und die Revenuen, welche sich dabei für die einzelnen Perioden resp.
Umtriebszeiten ergeben, als Renten, welche nach einer bestimmten Zeit beginnen
und nach einer bestimmten Zeit wieder aufhören, zu 3% Zinseszins, auf ihren
jetzigen Kapitalwerth zu berechnen. — Der Betriebsplan liegt uns vor; wir
kennen auch die Holzmasse von 4963 Klafter Haupt- und 723 Klafter Zwischen-
Nutzung, welche in den nächsten 20 Jahren d. h. in der I. Periode geschlagen
werden soll, und es bleibt uns noch übrig zu ermitteln, welchen Holz- resp.
Geld-Ertrag die II., III., IV. 2c. Periode mit resp. 218, 178, 199 2c. Morgen
relativer Fläche (nach der Bonität auf die III. Klasse reduzirt) geben wird.

Wir wollen diese Rechnung nicht in ihrem ganzen Umfang für den Grünwalder Forst durchführen, sondern nur durch Beispiele erläutern:

Jagen 1a., auf die III. Bodenklasse reducirt mit 32 Morgen, giebt nach den anliegenden Pfeil'schen Erfahrungstafeln in der III. Periode in 110 Jahren 35,3 Klafter pro Morgen, in Summa 32×35,3 = 1129,6 Klafter.

1b. 14 Morgen groß III. Bodenklasse mit 0,8 Abzug, 11 Morgen geben in der III. Periode nach denselben Tafeln pro Mrg. im Alter von 115 Jahren = 36,4 und 11×36,4 in Summa 400 Klafter.

2a. 51 Morgen III. Bodenklasse mit 0,8 Abzug, 46 Morgen geben in der V. Periode pro Morgen bei 109 Jahren 35,1 und 46×35,1, in Summa 1614,6 Klafter.

2b. 19 Mrg. IV. Bodenklasse, auf die III. Bodenklasse reducirt 14 Mrg. geben in der V. Periode pro Morgen bei 117 Jahren 36,8 und 14×36,8 in Summa 515,2 Klafter u. s. f.

Wir sind der Ansicht, daß diese vier Beispiele genügen werden, um das Verfahren darzustellen, nach welchem wir den Holzertrag für jede einzelne Periode getrennt zu ermitteln haben.

Die specielle auf Grund der Pfeil'schen Erfahrungstafeln (Anlage C) erfolgte Berechnung ist in der Anlage G enthalten. — Wie wir bereits erwähnt, sind wir bestrebt, jeder Periode der Bonität nach annähernd gleiche Flächen zu überweisen, und um gleiche oder annähernd gleiche Material= und Geld=Erträge zu haben, auch annähernd gleiche oder besser noch von Periode zu Periode etwas steigend regulirte Erträge.

Dieses Steigen wird schon dadurch herbeigeführt, daß wir der Zukunft, d. h. den späteren Perioden in Folge besserer Wirthschaft und besserer Cultur, und indem wir die Gefahren, welche den Culturen drohen, von ihnen abzuwenden suchen, geschlossenere, besserwüchsige und daher auch einen höheren Material=Ertrag abwerfende junge Bestände überliefern.

Die Anlage H zeigt, daß die Perioden annähernd gleiche Erträge erhalten haben; bei den in Summa 39,534 Klaftern und 6 Perioden ist der genaue Durchschnitt 6589 Klafter, welcher in der III., V., VI. Periode annähernd erreicht wird. Der Ertrag der I. Periode ist nicht nach den Erfahrungstafeln ausgebracht, sondern auf Grund der speciellen Beschreibung mit 4963 Klafter Haupt= und 723 Klafter Zwischen=Nutzung, in Summa 5686 Klafter ausgeworfen.

Die Anlage H zerfällt den summarischen Ertrag in Colonne 5 per z. B. 5686 Klafter in 30% Nutz=, 60 Kloben und 10% Knüppelholz zum Preise von resp. 7, 4, 3 Thlr. — Für Stock= und Reisigholz sind 20% und 10% des Derbholzes per 5686 Klafter à 1 und 1¼ Thlr. ausgeworfen, und so berechnet sich der Werth für die Mitte der I. Periode, d. h. die nächsten 10 Jahre, auf 28,444 Thlr., deren Jetztwerth mit dem Discontirungsfactor von 0,7441 multipl. 21,165 Thlr. beträgt. In gleicher Weise sind die Perioden II—VI berechnet.

sub 7 und 8 treten die mit 3% capitalisirten und oben auf 15 und 5 Thlr. veranschlagten Jagd= und Streu=Renten per 660 Thlr. Capital hinzu, während die Ausgaben für Förster, Culturen, Grundsteuer (in Rente 367 Thlr.) mit 12,111 Thlr. Capitalwerth in Abzug kommen. Das sich daraus ergebende Capital von 39,731 Thlr. wird als eine alle 120 Jahre (die Umtriebszeiten) eingehende, zu 3% Zinseszins capitalisirte Rente von 1180 Thlr. Capitalwerth hinzugesetzt und somit der Werth des 1679 Morgen großen Grünwalder Forstes auf 40,911 Thlr. oder der Morgen auf 24 Thlr. Capitalwerth ermittelt.

Wenn wir alle unsere Cultur=Maßregeln für den Kiefernforst anpaßten, so wollen wir hier schließlich noch die anderen wichtigeren Holzarten und ihren Anbau nach einigen Hauptgesichtspunkten kurz erwähnen. Schon bei dem Kiefernanbau wird die Beimischung von Birke und Eiche empfohlen. Das führt uns auf den Vortheil, den gemischte Bestände überhaupt haben. Jede Holzart macht verschiedene Bodenansprüche und absorbirt die in dem Boden für sie geeigneten Bestandtheile; eine Holzart geht mit ihren Wurzeln tief, wie Kiefer und Eiche, Weißtanne 2c., die andere flach, wie Fichte 2c. Daraus folgt, daß z. B. die tief gehende Kiefer und die flach streichende Fichte, wenn sie vermischt vorkommen, mehr Holzmasse geben werden, als wenn sie getrennt und rein auftreten. Auch die den Beständen drohenden Gefahren durch Insecten, Feuer, Wind, werden in gemischten Beständen gemindert. Daher müssen wir mit Rücksicht auf die Bodenansprüche jeder Holzart, die Anzucht gemischter Bestände zu begünstigen streben. Werthvollere Holzarten, wie Eiche, Rüster, Esche, Buche 2c., wachsen langsamer als weniger werthvolle, wie Nadelholz 2c. Wir müssen daher darauf achten, daß das werthvollere Holz von dem weniger werthvollen nicht unterdrückt wird, und durch Aushieb, Lichtung, Aestung z. B. der Eiche vor der Kiefer und Fichte; der Kiefer und Fichte vor Birke, Aspe und Weide 2c. den Vorrang verschaffen. Man nennt dergleichen Operationen Läuterungshiebe, welche dem strebsamen Forstmann ein ununterbrochenes und lohnendes Feld seiner Thätigkeit anweisen.

Bemerkungen über die Fichte.

In Fichtenforsten, welche oft mit Kiefern oder Weißtannen gemischt zu sein pflegen, wird man genau wie in Kiefern lange und schmale Kahlschläge führen. Da die Fichte aber sehr flach wurzelt, so wird die Gefahr vor Wind= bruch unsere Aufmerksamkeit noch mehr schärfen, denn jede Freistellung nach Westen hin hat unausbleiblich Windbruch zur Folge. Nicht bloß die Haupt= sturmgegend, sondern auch die locale, durch Thäler, Höhenzüge veranlaßte, sind bei der Hiebsleitung im Gebirge in Fichten zu beachten. Dabei müssen die dem Plenterbetrieb vorbehaltenen hohen und rauhen Lagen von den regelmäßi= gen Kahlschlägen ausgeschieden werden, da in ersteren nur das älteste, ab=

sterbende Holz fortgenommen wird und die Nachzucht unter dem Schutz des stehenbleibenden Holzes durch Anflug erfolgt. Einzelne umfangreiche Kuppen werden oft in der Art bewirthschaftet, daß man die rauhe Kuppe ausscheidend und dem Plenterbetrieb überweisend, von der Kuppe nach dem Fuß parallele, schmale Schlagstreifen führt und der Windrichtung entgegen anhaut.

Die Fichte ist vornehmlich ein Gebirgsbaum; in Deutschland in den rheinischen, Sächsischen, Schlesischen Gebirgen und in der Ebene in den ostpreußischen und schlesischen Forsten auftretend.

In der Ebene die Fichte, namentlich auf milden Lagen und guten Boden einzuführen, in Gegenden, wo sie als Waldbaum gar nicht, sondern nur in einzelnen Gruppen im Parke existirt, hat seine großen Bedenken; dieselben Bedenken, welche gegen den Anbau jeder neuen, in einer Gegend wild wachsend gar nicht vorkommenden Holzart sprechen. Die Natur giebt uns die besten Fingerzeige. Die Fichte ist, wir wiederholen es, kein Baum der Ebene; wo sie in letzterer vorkommt, wie in Ostpreußen und Schlesien, wird sie durch das rauhe Klima in Schranken gehalten und vor Rothfäule bewahrt, der sie in milder Lage und auf gutem Boden unausbleiblich anheimfällt. Sie wird in neuerer Zeit gern als Schutzholz in Eichen- und Buchenhochwald gezogen, um die Lücken zu füllen und den Fuß von Eiche und Buche zu decken. Ihre Eigenschaft, Schatten gut zu vertragen, befähigt sie vollkommen zu diesem Zweck, aber schon als schwaches Stangenholz wird sie rothfaul, und giebt dann eine Menge werthloses, selbst als Brennholz kaum mit Vortheil abzusetzendes Material. Gleichaltrig Eichen, Buchen und Fichten in Reihen zu ziehen, ist nicht rathsam; die Fichte eilt zu sehr voran, unterdrückt erstere beiden edlere Hölzer und muß mit großen Kosten im Wipfel gestutzt werden, was auf großen Flächen kaum ausführbar ist. Aber auch selbst im Wipfel gestutzt, breitet sie sich desto kräftiger in die Seitenzweige und wird dann seitlich verdämmend gegen Eiche und Buche auftreten. Früher stellte man in Fichten Besamungsschläge, um die Nachzucht zu bewirken. Der Samen geräth selten, circa alle 5—6 Jahre, aber dann in enormer Menge. Vor eintretendem Samenjahre kam man in Verlegenheit, die Schläge entsprechend vorzubereiten und durch lichtere Stellung für die Besamung empfänglich zu machen, da man zu große Holzmassen, meist schwaches, schlecht absetzbares Material hätte einschlagen müssen. Die Schläge standen daher bei dem Samenabfall allermeist zu dunkel, und der Samen konnte in dem verrasten, durch Verwundung nicht empfänglich gemachten Boden nicht Wurzel fassen. Wo dies aber auch der Fall war, verkam die junge Pflanze, da man mit der Lichtung nicht entsprechend rasch folgen konnte. Da überdies die Führung von Besamungsschlägen vielfach Windbruch und unwillkührliche Holzschläge veranlaßte, welche die Dispositionen des Betriebsplans in einem einzigen von Weststürmen heimgesuchten Herbst oder Früh=

jahr über den Haufen warf, so ist man in der Neuzeit allein zur Cultur der Fichte aus der Hand übergegangen. Da Furchensaat im Gebirge meist wegen des Gesteins unmöglich ist, so wendet man Plätzesaat zum Theil unter Belassung der Stubben zum Schutz der jungen Pflanzen an. Ist Furchensaat im Gebirge möglich, dann zieht man parallel mit dem Fuße des Berges die Furchen, in der Art, daß sie Terrassen bilden. Die Cultur der Fichte im Gebirge ist sehr kostbar, namentlich wenn, was nicht selten der Fall ist, wegen mangelndem Boden, Boden in Körben herangetragen und aufgeschüttet werden muß. Die junge Fichtenpflanze entwickelt sich langsam und leidet sehr unter dem Graswuchs. Man sucht ihr daher einen Vorsprung zu geben, indem man nicht säet, sondern pflanzt. Zu diesem Behufe legt man Saatkämpe an, früher mit sinnloser Samenverschwendung von mehre 100 Pfunden pro Morgen, während 80—100 Pfund guter keimfähiger Same vollkommen genügt, um einen Kamp von 1 Morgen mit 4—6 Zoll entfernten Rillen zu beziehen. Ein sorgsames Jäten ist unerläßlich, um die Pflanzen im Kamp vor Gras und Unkraut zu bewahren und ein Belegen der Zwischenräume zwischen den Rillen mit Steinen oder Moos verhindert den Graswuchs. Mit 3—4 Jahren verpflanzt man die junge Fichte ins Freie, mit möglichst gutem Ballen, d. h. Mutterboden. Wenn man eine junge einzelne Fichtenpflanze aufmerksam beobachtet, dann bemerkt man, daß sie erst dann erheblich zu wachsen beginnt, wenn sie sich durch Seitenäste den Fuß geschirmt und denselben mit Nadelabfall beschüttet hat. Die Ursache liegt in ihrer flachlaufenden empfindlichen Wurzel, welche der Streudeckung bedarf. Man pflanzt daher, um den Fuß der Fichte gedeckt zu haben, mit Vortheil Büschel von 4—5 Pflanzen, von denen dann eine sich im Laufe der Zeit als dominirend herausarbeitet, während die anderen unterdrückt werden, nachdem sie den Zweck der dominirenden den Fuß gedeckt zu haben, erfüllten. Die Frage, ob Büschel- oder Einzel-Pflanzung, hat die forstliche Welt lange beschäftigt. Man ging von einem Extrem in das andere; man nahm Büschel von 20—30 Pflanzen; diese litten dann namentlich im Gebirge, von Schnee, Duft und Rauhreif, der natürlich in diesen großen Pflanzenhorsten nicht ausbleiben konnte. Daher sagte man die Büschelpflanzung taugt nichts, wir kehren zur Einzelpflanzung zurück. Aber auch hier blieb Schnee- 2c. Bruch nicht vollständig aus, die Pflanzen wuchsen schwach, da ihr Fuß nicht gedeckt war. Wir sind daher für die goldene Mittelstraße der schwachen Büschel, welche dem Schnee- 2c. Anhang eine nur mäßige Fläche darbieten. Tritt dann die Calamität ein, dann wird eine oder die andere Pflanze zwar leiden oder vernichtet werden, aber sich doch wohl immer noch mindestens eine erhalten. Bei Verlust der einen Pflanze bei der Einzelpflanzung ist aber die Lücke nicht minder fertig, wie durch die lastende Schnee- und Eismasse bei großen Büscheln.

Wählt man für den Fichtenanbau die Furchensaat, dann wird man meist nicht wie für die Kiefer mit dem Waldpflug vertiefte Furchen ziehen, sondern flache und 18—24 Zoll breite Furchen, theils um dem Graswuchs entgegenzuwirken, theils um in dem allermeist feuchten oder nassen Boden das Verdunsten der Feuchtigkeit und das Abtrocknen der Fläche zu vermitteln. Bei sehr nassen Boden wölbt (dossirt) man die Furche, um die Feuchtigkeit nach der tiefen Stelle zu versammeln und säet auf dem Rücken. Ist trotz breiter Furchen der Graswuchs so stark, daß er sich über die Furchen lagert, und bei darauf lastendem Schnee die Pflanzen ersticken würde, dann muß man das Gras selbst mit Kosten entfernen. Gewöhnlich finden sich aber arme Anwohner des Forstes, welchen man die unentgeltliche aber vorsichtige Entnahme jenes Materials zu Futter oder Streu gestattet. Außer auf dem hohen Gebirge, wird sich mit Rücksicht auf den Vortheil gemischter Bestände die Beimischung der Kiefer zur Fichten=Saat und Pflanzung empfehlen.

Man säete früher den Samen von Kiefern und Fichten gemischt in eine Furche; da man jedoch bemerkte, daß die schneller wachsende Kiefer der Fichte voraneilend, dieselbe unterdrückte, so alternirt man mit den Kiefern und Fichten= saatfurchen oder man säet die Kiefer und pflanzt dazwischen die Fichte. Auf diese Weise wird die Ungleichheit der langsamer wachsenden Fichte und der schneller fortschreitenden Kiefer gehoben und das Unterdrücken der einen Holz= art durch die andere verhindert. — Bei den Nadelholzsaaten müssen wir noch vor einem oft bemerkten und dem Waldbesitzern theuer zu stehen kommenden Versehen warnen, welches in dem übergroßen Eifer des Försters besteht, schnell vollkommene und geschlossene Schonungen herzustellen. Sowohl Kiefern als Fichtensamen, namentlich älterer, liegt in dürren Jahren oft über und es ist nicht rathsam dem Jahre der Saat, bei lückenhaftem Stande der Cultur, sofort die Nachbesserung durch Nachsaat folgen zu lassen, sondern man wartet das zweite Jahr ab.

Im Allgemeinen hat die Kiefer stets größeren Gebrauchswerth als Nutz= und Brennholz. Sie nimmt unter dem Nadelholze mit der Lärche den ersten Rang ein und in allen angemessen regulirten Holztaxen folgt dann Fichte und Weißtanne. Man wird daher unter sonst gleichen Boden= ꝛc. Verhältnissen und da, wo die Kiefer mit der Fichte um den Vorrang kämpft, ersterer den Platz zu sichern bemüht sein.

Der sächsische Oberförster v. Manteuffel hat zuerst für 3—4jährige Fichten aber dann auch für andere Nadel= und Laubholz=Pflänzlinge die gelungene und vielfach anderweit angewandte Pflanzmethode ohne Ballen auf geschütteten Hügeln und durch Deckung mit Rasenplaggen (die Grasnarbe nach innen, da= mit die Narbe nicht in den Hügel wächst und denselben auszehrt) ins Leben gerufen. Das feuchte Gebirgsklima ist dieser Methode günstig; aber auch in der Ebene ist sie oft mit Erfolg angewandt. Bedenklich jedoch ist das starke Verstutzen (Stummeln) der nach der v. Manteuffel'schen Methode gepflanzten Laubholzpflänzlinge.

In neuerer Zeit ist man bestrebt, mehr und mehr Terrain dem Acker= und Waldbau zu erobern, da das sich mehrende Geschlecht mehr Raum und Nahrung bedarf. Daher sehen wir überall Gräben, Kanäle, und hören seit einer Reihe von trocknen Jahren über das Sinken des Wasserspiegels klagen und von Jägern und Forstleuten die gegründete Behauptung, daß die Brücher verschwinden und mit ihnen Enten, Schnepfen und andere Sumpf= und Wasservögel. Früher schlängelte sich der Graben in Schlangenwindungen langsam durch den Wald; heute ist er regulirt, und gerade gelegt stürzt das Wasser unaufhaltsam dem Bache und Strome zu, dessen entwaldete Ufer seinen Lauf nicht aufzuhalten vermögen. Daher rührt die Erscheinung der im Laufe der Jahre wiederkehren= den heftigen und zerstörenden Ueberschwemmungen unserer Hauptflüsse, wie z. B. in den Jahren 1854 und 1857, wo den in Folge der neuen Deichverbände errichteten Dämmen harte und bedenkliche Proben nicht immer mit glücklichem Erfolge zugemuthet wurden. Wir wollen nun zwar nicht zu dem Nebel der Vorzeit zurückkehren und uns die Zeiten herbeiwünschen, wo der Auerochse und das Elch im versumpften Walde prosperirten, glauben aber, daß in unserer überhasteten Zeit, welche Alles mit Feuereifer ergreift, in manchen Fällen, auch mit der Entwässerung des Waldes etwas zu radikal und zu rasch verfahren worden ist. Im Interesse der Fichtenwirthschaft, für welche ein mäßiger und gleichmäßig bemessener Feuchtigkeitsgrad unentbehrlich ist, müssen wir daher ebenso vor totaler Entwässerung warnen, als mit Bezug auf den Anbau der Erle in Brüchern, welche entwässert für die Erle zu trocken und für Nadelholz namentlich dann immer noch zu naß sind, wenn bei tiefen Einsenkungen kein vollständiger Abzug der Nässe, sondern nur ein Sammelgraben möglich ist.

Buchen.

Der Buchenhochwald hat in neuerer Zeit manche gerechte Widersacher in Denen, welche geltend machen, daß die Nutzholzausbeute von 5% in Buchen erheblich gegen das Nadelholz mit 70—80 unter besonders günstigen Verhält= nissen und mit 30—40% unter den meisten Verhältnissen zurückstehe. Im Kalkgebirge, dem ureigentlichen Standort der Buche und in den Vorbergen, wird sie zwar wohl immer ihren Platz behaupten; in der Ebene aber werden reine Buchenhochwälder bei dem Anspruch dieser Holzart auf guten Boden wohl mehr und mehr verschwinden und dem Landbau weichen. Die Buche gedeiht zwar, wenn auch nicht rein, so doch in der Untermischung namentlich mit der Kiefer auf frischem Sandboden. Diese Untermischung mit dieser Holz=

art und namentlich auch mit der Eiche ist nützlich und gut. In solchen Lokalitäten aber künstlich und mit allen Mitteln, selbst mit Opfern, auf Herstellung reiner Buchenbestände, bloß aus Interesse für diese schöne und edle Holzart bedacht zu sein, ist weder finanziell noch forstlich richtig. Die Buche ist zur Zeit die alleinige Holzart, in welcher man noch Besamungsschläge stellt. Früher wirthschaftete man oft länger als ein Menschenalter in einem Schlage vom Anhieb bis zur Räumung. Heute hat man sich zu einem rascheren Verfahren bequemt. Man hofft nicht die vollständige Besamung, sondern ergänzt die etwaige Lücken, indem man in einigen Jahren vom Dunkelschlag zum kahlen Abtrieb übergeht durch Einhacken von Bucheln und Eicheln, sowie durch Pflanzung von Buchen und Eichenlohden. Diese schwachen Pflanzen von 3—4 Fuß Höhe behaupten den Vorrang vor der Pflanzung von starken 10 bis 12 Fuß hohen Buchen und Eichen-Heistern, welche bei zweifelhaftem Erfolge immer sehr kostspielig zu erziehen sind. Nur Lücken in älteren Schonungen, welche für die Lohden-Pflanzung bereits zu hoch sind, werden mit starken Heistern zu durchsetzen sein.

Eichen.

Wenn auch, entgegengesetzt wie bei Buchen, die Nutzholz-Ausbeute im reinen Eichenhochwald hoch ist und nicht gegen die Beibehaltung desselben spricht, so widerräth sich doch diese Betriebsart wegen des bei dem hohen Umtrieb von 180—200 Jahren geringen Massen- und niedrigen Geld-Ertrages auf Boden, der in seiner mineralischen Mischung lehmig und zum Anbau von Weizen vollständig geschickt, dem Landbau zu Gute kommen muß, wenn nicht andere Gründe dagegen sprechen. Der reine Eichenhochwald ist daher allermeist in das Vorland, d. h. das Inundationsthal der Flüsse zu verweisen und die Eiche ist gemischt im Nadel- und Laubholzwalde nachzuziehen.

Mittelwald.

Besonders aber ist die Eiche der Oberbaum des Mittelwaldes, eines Waldzustandes, welcher Hochwald und Niederwald d. h. Schlagholz aufweist. Früher vertheilte man das Baumholz (Oberholz) regelmäßig über den Schlag und strebte durch die regelmäßige Belassung von Laßreideln (jungen Samenlohden) diesen Zustand an. Neuerdings ist man davon abgegangen. Man zieht vielmehr nach der Bodenbeschaffenheit das Oberholz gruppenweise. Als Oberbaum ist besonders dasjenige Holz geeignet, welches bei hoher Nutzholz-Ausbeute das Unterholz wenig verschattet. — Das Aesten verhindert die Verschattung. Als Unterholz aber wählt man solches Holz, welches bei großer und lang aus-

dauernder Ausschlagsfähigkeit Schatten verträgt und möglichst viel und werth=
volles Brennholz giebt. Je besser der Boden, desto mehr Schatten verträgt
das Unterholz und so kann man z. B. in dem Auenboden der Oder im dichten
Schatten des gedrängt stehenden Oberholzes das dichtbestockteste Unterholz
finden. Als Oberholz finden wir vornehmlich: Eiche, Esche, Ahorn, Birke und
selbst Kiefer, und als Unterholz besonders die Hainbuche. Selbst Dornen
können in den Gegenden, wo Grabirwerke sich vorfinden, ein gutes Unterholz
im Mittelwalde sein.

Weißerle.

Nicht genug können wir den Privatwaldbesitzern eine Holzart empfehlen,
welche bei sehr mäßigen Bodenansprüchen viel leistet, wir meinen die Weißerle
oder nordische Erle. Auf Boden, der einen gewissen Humusreichthum und
Frische hat, auf frischem Sande, selbst wenn er auch mit Moorboden gemischt
ist, selbst auf Eisenkiesuntergrund, wenn er entwässert ist, ja auch auf dem,
zeitweiligen Ueberschwemmungen ausgesetzten Sandboden gedeiht dieser, lange
noch nicht seinem Werthe nach geschätzte, durch seine grau und silberhell leuch=
tende hübsche Rinde und die zierlich gezähnten Blätter auch dem Auge wohl=
thuende Baum. Eigentlich dem Gebirge angehörig und über das mittlere und
südliche Deutschland verbreitet, ist sie besonders im Norden anzutreffen und in
der Ebene des nordöstlichen Deutschlands verbreitet, seit längerer Zeit auch in
der Ebene des übrigen Deutschlands. Obschon sie einen weniger nassen Stand=
ort als die Rotherle verlangt, so erträgt sie doch selbst vorübergehende Ueber=
schwemmungen besser als erstere, wie die Ueberschwemmungen des August 1854
in Schlesien zeigten.

Die Wurzel streift weit in der Oberfläche des Bodens, treibt selbst schon
an jungen Stämmen zahlreiche Wurzelbrut und es entwickelt auf nicht zusagen=
den Boden die Pflanze einen buschigen Wuchs, welcher sich in besserer, be=
sonders höherer Lage zum stattlichen Baum gestaltet. Diese flach streichende und
von der Dürre leicht zu erreichende Wurzelbrut, hat als Holzproduction keine,
sondern nur insofern Bedeutung, als sie den Waldschluß begünstigt und der
Laubabfall den Boden düngt. Die Weißerle erträgt einen dichteren Stand
als die Rotherle und behauptet vor dieser den Vorzug durch die große Aus=
schlagsfähigkeit der Stöcke und ihre große Massen=Production selbst schon im
jugendlichen Alter. Ein zwei Morgen großer, 16 Jahr alter, aus Samen ge=
zogener Weißerlenbestand der Fürstl. Trachenberg'schen Forsten gab im Winter
1852/53 gefällt an Scheitholz, Stangen und Strauch 2460 Cubikfuß Masse
oder 80 Cbf. jährlichen Durchschnittszuwachs pro Morgen mit einem Werth von
4 Thlrn. Zu diesem Ertrag tritt eine Vornutzung von 6 Fuder = 120 Cubik=

fuß in Folge Dürre abgestorbener Pflanzen, so daß der summarische Material=
Ertrag 2580 Cubikfuß betrug. Hierbei darf allerdings nicht unerwähnt bleiben,
daß der Boden, auf welchem der in Rede stehende Bestand erwachsen ist, ein
frischer, lehmiger Sandboden war. Immerhin bleibt aber der Ertrag von
80 Cubikfuß pro Morgen ein ganz bedeutender, welcher den unter guten Boden=
und Bestands=Verhältnissen gewöhnlich erfolgenden Ertrag um (ca. 20 Cubik=
fuß) um das Vierfache überschreitet. Ein anderer Bestand auf der Herrschaft
Hrabin in Böhmen gab auf 400 □ Klaftern oder ⁴/₇ preuß. Morgen im Alter
von 26 Jahren 277 Stämme von 4—10 Zoll Durchmesser bei 40—60 Fuß
Höhe; 1 Morgen daher sogar 250 Cubikfuß Durchschnittszuwachs oder fast
4 Klafter.

In dem Königl. Forstrevier Windischmarchwitz, Reg.=Bez. Breslau, fanden
sich auf 80 □ Ruthen, also noch nicht ¹/₂ Morgen 517 Stück 12 jährige Weiß=
erlen vor, mit in Summa 300 Cubikfuß und 56¹/₄ Cubikfuß jährlichem Durch=
schnittszuwachs.

Die Weißerle trägt früh, aber zum Theil tauben Samen; aber auch selbst
wenn der Samen gut ist, liegt derselbe doch oft ein Jahr über und man kann
im ersten Jahre der Aussaat noch nicht über den Erfolg der Cultur endgültig
entscheiden. Da neben allen den rühmenswerthen Eigenschaften der Weißerle
diese Holzart dem Insectenfraß, namentlich den Verheerungen von Curculio
Lapathi, welchen die Schwarzerle sehr ausgesetzt ist, nicht unterliegt, so halten
wir sie nach Vorstehendem aus voller Ueberzeugung den Privatforstbesitzern auf
das angelegentlichste empfohlen.

Esche. Holz für Landwirthe.

Unsere Landwirthe der Gegenwart dulden auf Rainen, Feldgrenzen ꝛc. keinen
Baum und Strauch, alles wird kahl gemacht und rasirt, damit die Wurzeln
in den Acker nicht überwuchern und der Schatten dem Getreidefelde nicht
schädlich wird. Abgesehen davon, daß durch dieses Verfahren einem in ebener
Gegend liegenden Gute mancher landwirthschaftliche Reiz genommen wird,
wird der Insectenvermehrung dadurch in die Hände gearbeitet. Wenn der
Raubvogel (Bussard) keinen Baum findet, um auf demselben Posto zu fassen
und zu ruhen von der Mäusejagd, so wird ihm sein Amt des Reinhaltens der
Felder sehr erschwert, ebenso wie der Schaar der kleinen Vögel, welche beim
Mangel von Dornen und Gesträuch keinen Brut= und Sitzplatz haben, von
dem aus sie die Insecten bekämpfen können. Daher nimmt das schädliche Ge=
würm und Gethier von Jahr zu Jahr zu und macht uns ein gut Theil der
Ernte streitig. Auch schon der Jagd wegen sind Baum und Strauchparthien

auf dem Felde räthlich, die auch bei Landwirthen im Solde der Göttin Diana mehr und mehr angelegt werden.

Der Apostel für Schonung der Vögel, Dr. Gloger, ruht; möchten seine Rathschläge, welche er in seinen Schriften, besonders der Schrift: „die nützlichen Vögel der Land= und Forstwirthschaft" so wohlfeil niederlegte, daß Jeder, den es angeht, sie sich für wenige Groschen beschaffen kann, nicht ungehört und unbefolgt verhallen. Auch die Staatsregierungen nehmen sich der Schonung der Vögel durch Gesetze und Verordnungen mit Nachdruck an, und selbst in den Schulen wird, was von großem Gewicht ist, die Jugend in angemessener Weise belehrt, daß mit Ausnahme der Elster, alle Vögel überwiegend nützlich und zu schonen sind.

Landgüter, welche weder Wald noch Torflager selbst oder in der Nähe haben, müssen oft mit großen Kosten ihren Brennholzbedarf aus weiter Ferne herbeischaffen. Einen Theil ihres Brennholzbedarfs könnten sie aber decken, wenn sie auf Stellen, welche für den Landbau nicht geeignet sind, auf Feld= grenzen, Rainen, Grabenufern, Einsenkungen in Mitte des Ackers, welche nicht drainirt werden können und sollen, an Orten, welche zu kalt, zu feucht und zu steinig für den Ackerbau sind, an steilen Hängen 2c. Gehölz anlegten. — Unsere Nachbarn in Holstein, am Rhein, in Westphalen, Holland und Belgien haben Hecken, um ihre Felder zu vergrenzen. Im nordöstlichen Deutschland begegnet man diesen, nicht in Sitte und Gewohnheit des Volkes liegenden Anlagen nicht, welche in den erstgenannten Gegenden auch die Zwecke der bei uns fehlenden Weidewirthschaft unterstützen und außerdem einen recht erheblichen Holzertrag liefern, wenn sie von Zeit zu Zeit tief auf die Wurzel gesetzt werden, um dann mit erneuter Kraft wieder auszuschlagen. — Man sollte kaum denken, daß ein Artikel wie das Holz, welches bezüglich seiner Verwendung in so be= stimmte Grenzen eingeschlossen zu sein scheint, zum Theil der Mode unterworfen sein kann; und doch ist dem so. Die Mode der Korbmöbel tauchte in Amerika vor einigen Jahren in großem Umfang auf und gab bei dem Mangel taug= licher amerikanischer Weiden=Arten, welche sich zu Flechtwerk eigneten, unseren an Elbe und Oder liegenden Weidenwerdern einen so hohen Werth, daß die Bodenrente dieser gewöhnlich in fünfjährigem Umtrieb bewirthschafteten An= lagen den Ertrag des üppigsten Weizen= und Rapsfeldes weit hinter sich ließ.

Ein 24 Morgen großes Weidenwerder an der Oder in den Fürstl. Hohen= zollern'schen Forsten bei Neusalz lieferte

500 zweifüßige Gebunde geschälte Korbruthen

à 21 Sgr. 8 Pf. = 361 Thlr. 3 Sgr. 4 Pf.

125 Ctr. Weidenbast à 1⅓ Thlr.   45 = 4 = 4 =

an Gras   22 = 28 = 6 =

Summa 429 Thlr. 6 Sgr. 2 Pf.

oder pro Morgen 17 Thlr. 26 Sgr. 6 Pf. Reinertrag in einem Jahr. Das Werder wird in einem Umtrieb von 3 Jahren, d. h. dem Hieb von Korbruthen in den zwei ersten Jahren und der Nutzung des vom ersten Jahre übergehaltenen Weidigs als Reifstäbe im dritten Jahre bewirthschaftet.

Der Bast wird von Weißgerbern besonders zum Gerben der Schaaffelle benutzt. — In manchen Gegenden und Verhältnissen setzt man den im vorliegenden Beispiel auf 3 Jahre angegebenen Umtrieb auf 5, selten aber länger als 6 Jahre fest. — Das zu Korbruthen und Reifstäben nicht verwendbare Material wird als Faschinen ausgenutzt, welche gewöhnlich 6—12 Fuß Länge und 12 Zoll im Durchmesser pro Bund haben und nach Schocken verkauft werden.

Manches Gut, zwar nicht bevorzugt für den Weidenanbau durch seine Lage an Oder und Elbe, hat gleichwohl an Bachufern und an den obengenannten Localitäten, welche für die Landwirthschaft nicht geeignet sind, Gelegenheit zum Anbau von Weiden. Manche saure schlechte Wiese, welche wenig und noch dazu schlechtes Heu giebt, ist in vielen Fällen noch immer ein guter Standort für die Weide und Anlage eines Werders. Der beste Standort ist allerdings der an Flüssen oder Strömen angeschwemmte Boden, gleichviel ob Triebsand oder Schlick. Stehendes Wasser ist nachtheilig und muß durch Sammelgraben oder durch Abzugsgräben entfernt werden. In vielen Fällen werden parallele Gräben zu diesem Zweck erforderlich sein. Die Entfernung der Gräben richtet sich nach der Menge des abzuführenden Wassers und dem Bedürfniß den Boden zwischen den Gräben (Rabatten) mehr oder minder zu erhöhen, endlich auch nach den zu Gebote stehenden Culturgeldern, denn je enger die Gräben gezogen werden, desto theurer wird der Anbau. 2—3 Ruthen ist die gewöhnliche Rabattenentfernung und 2—3 Fuß Breite bei 1½ Fuß Tiefe die übliche Dimension der Gräben. — Der Auswurf der Erde aus den Gräben auf die Rabatten zerstört die Grasnarbe der Letzteren; und von der Vernichtung derselben hängt das Gedeihen des Anbaues ab. Der Auswurf wird zerkleinert entweder mit Handarbeit oder kostenlos durch den Frost, wenn die Grabenarbeit im Herbst vorgenommen ist. Unter keinen Umständen dürfen Schollen auf den Rabatten zurückbleiben. Da die zeitweilige Zufuhr von Wasser den Weiden gedeihlich ist, so ist die Anlage kleiner Stauschleusen unter Umständen ganz kunstloser, durch ein in den Graben geklemmtes Brett genügend für den Zweck der Be= und Entwässerung.

Die Auswahl der anzubauenden Art ist von der größten Wichtigkeit, und muß, da das Weidengeschlecht ein schwer zu unterscheidendes ist, mit großer Sorgfalt geschehen. Für Korbmacher=Arbeiten ist die Salix viminalis L. (Korbweide) zu empfehlen. Sie ist strauchartig mit langen, aufrechten Zweigen, geradrandigen, langgespitzten, unterseits silberweis, seidenhaarigen Blättern, kurz kegelförmigen Kapseln, mäßigen Griffeln und langen fädlichen Narben versehen. Sie ist durch Stecklinge und Faschinen an den Ufern der Flüsse mit S. purpurea und triandra verbreitet und füllt mit diesen vornehmlich die Weiden= werder. Sie blüht nach S. caprea (Sohlweide) und zugleich mit S. cinerea. Sie ist besonders an der Form und Behaarung der oft 5 Zoll langen und 6—8 Linien breiten Blätter kenntlich. Die Staubbeutel sind vor dem Blühen gelb. Die Blüthenschuppen sind rauchbraun bis schwärzlich, lang und meist etwas spitz. Die langen, bogenförmig nach Außen gehenden Narben, und die lange, nach der Spindel gekrümmte Honigdrüse sind beständige Merkmale.

An Strömen und Flüssen kann es oft darauf ankommen, den Lauf des Wassers durch Anlandungen zu verändern. Liegt dieser Zweck vor, dann wendet man die sogenannte Nesterpflanzung an. Man gräbt in der Enfernung von 5 Fuß topfförmige, nach unten verengerte, 1 Fuß tiefe Löcher, steckt an den Rand rings herum 4—6 Stück 1 Fuß 6 Zoll lange Stecklinge. Hierauf wird das Loch 1 Fuß mit Erde gefüllt.

Die auf diese Weise bepflanzte, durch die 6 Zoll herausragenden Weiden struppig erscheinende Oberfläche des Bodens hält Sand und Schlick leicht auf. — Die Reihenpflanzung mit Stecklingen wird in der Art ausgeführt, daß man quer über die Gräben auf den Rabatten in 2 Fuß entfernten Reihen 1 Fuß entfernte 16 Zoll lange Stecklinge, in Gräben oder Plätze steckt und mit dem Grabenauswurf der Quergräben deckt. Die zu diesem Zweck bestimm= ten Stecklinge in kleine Bündel gebunden, kann man, mit dem Stammende ins Wasser gestellt, lange Zeit aufbewahren. — Unter Umständen kann man die Weiden auch, wie die Kartoffeln, in der Art legen, daß man in 3—4 Fuß entfernte parallel mit Pflug oder Haken gezogene Furchen an das Stammende einer Weidenruthe die Spitze der vorhergehenden anschließt und mit Pflug oder Haken die Ruthen deckt.

Gebietet man über viel Weidenbusch, dann legt man denselben in die Quergräben, deckt den Busch 2—3 Zoll mit Erde, aus welcher der Busch dann üppig treibt. Die Anlage wird dann im Alter von 1 Jahr als Korbruthen und nach 3—4 Jahren zu Bandstöcken und Faschinen benutzt. Man schneidet oft 2 Jahre nach einander Korbruthen und nach 3 Jahren Bandstöcke und Faschinen, so daß man in 5 Jahren 3 Erndten hat. Zu oft d. h. mehr als 2 Mal einjährige Korbruthen nach einander zu schneiden, schädigt die Kraft der Mutterstöcke in allen anderen Localitäten, außer etwa im Schlickboden der Elbe und Oder. Bei dem Hiebe jedes Niederwaldes, also auch der Weiden= anlage, ist es Regel, den Hieb möglichst tief zu führen, damit die Ausschläge selbstständig Wurzel fassen können. Man muß, wie der verstorbene Oberforst= rath Pfeil sagte, auf dem Niederwaldschlage tanzen können, ohne mit den Gamaschen=Riemen hängen zu bleiben. Die Kosten der Anlage hängen ab vom ortsüblichen Tagelohn, der Entfernung und Dimension der Gräben und den Kosten für Ankauf der ersten Stecklinge, welche man später aus eigenem Vorrath entnimmt. Daher mache man anfänglich nur eine kleine Anlage, die nach Maßgabe der zuwachsenden Stecklinge ausgedehnt wird. In den v. Jagow'schen Forsten an der Elbe kostet bei eigenem Vorrath der Stecklinge, bei 3 Fuß entfernten, 3 Fuß breiten, 1½ Fuß tiefen Gräben die Cultur mit eingelegten Weidenruthen pro Morgen 7½ Thlr. Hier erndtet man jährlich, bei 2 Jahre sich folgendem Korbruthenschnitt pro Morgen 2½—3 Schock 12 Zoll dicke Bunde Weiden à 10 Sgr. = 25—30 Thlr. Ertrag. Bei 3jährigem Bandholz stellt sich der Ertrag für den Morgen auf 16—18 Thlr.

Die im Laufe der Zeit verschlämmten Gräben werden geräumt. Der auf die Rabatten geworfene Auswurf düngt und unterdrückt das Unkraut. — Man kann die Werder entweder für die ganze Umtriebszeit von 3—5 Jahren oder nur jährlich verpachten, indem man die Gebote pro Morgen oder den Einheitssatz der Bunde, Ruthen oder Bandstöcke bei dem meistbietenden Verpachtungs-Verfahren zu Grunde legt und dem Bestbietenden unter Bestellung einer angemessenen Caution von $\frac{1}{4}$—$\frac{1}{3}$ des ganzen zu erwartenden Ertrages den Zuschlag ertheilt. In allen Fällen erfolgt die Nutzung durch Selbsthieb des Käufers, welcher das Schneiden, Schälen und Einbinden der Gebunde auf seine Kosten übernimmt, etwaige Lücken durch Stecklinge oder Absenker auf seine Kosten ergänzt, auch den Schutz der Anlage vor Diebstahl besorgen muß.

Erfolgt die Weidenanlage nicht durch Ziehung von Gräben, dann steckt man gewöhnlich die 18 Zoll langen Stecklinge 12 Zoll in die Erde in 4 bis 5 Fuß entfernten Reihen und in den Reihen 1—2 Fuß, unter stumpfen Winkel gegen den Strom, der sie bei spitzwinklichtem Stande bei starkem Strom und Eisgang leicht herausheben würde.

Etwaige Lücken füllt man durch Absenker-Zweige, welche an die Erde gebogen, durch hölzerne Pflöcke, Steine oder Rasen festgehalten werden und selbstständig Wurzel fassen.

Von großem Werth und Interesse ist das wohlfeile und faßlich von dem Sohne des v. Jagow'schen Oberförsters Reuter in der Garbe geschriebene Buch: Die Cultur der Eiche und der Weide zur Erhöhung des Ertrages des Waldes und zur Verbesserung der Jagd, und die wilde Fasanenzucht in der Garbe. — Verlag von Julius Springer in Berlin, Monbijou-Platz 3.

Ueber die Pflanzzeit gehen die Ansichten auseinander. Cotta lehrt, daß die Weiden den ganzen Sommer durch Stecklinge fortzupflanzen sind. Pfeil empfiehlt Mitte August bis Ende April und Hartig das Frühjahr. Letzteres ist, wie für alle Pflanzungen, so auch für die Weidenpflanzungen, aus den jedem Holz- und Baumzüchter geläufigen Gründen, die naturgemäße Zeit, da dann auch die Triebe gehörig verholzen können, und die Winterfeuchtigkeit vollständig benutzt werden kann. Oft aber gestattet der hohe Wasserstand die Frühjahrspflanzung nicht und man ist dann zu einer anderen Pflanzzeit genöthigt. Wir rathen vom Sommer ab, da der Boden hart und dürr ist und die Pflänzlinge nicht mehr verholzen, sondern erfrieren, und sprechen für den Herbst; der Steckling ruht dann im Winter und schlägt im Frühling sicher aus, wenn nicht bei anhaltend hohem Wasserstande im Frühjahr der Ausschlag verhindert oder verzögert wird.

Nicht minder rentabel ist für den Privatwaldbesitzer der Eichenschälwald, gewöhnlich im 20jährigen Umtriebe. Ein frischer, humoser, lehmiger Sand oder sandiger Lehm, reiner Sand, wenn er aufgeweht über einem fruchtbaren Lehm oder Thonboden, oder einer Grand- oder Kiesschicht liegt, selbst flachgründiger Boden am Bergeshang sind der angemessene Standort für den Eichenschälwald, über dessen Gedeihen im Allgemeinen oft weniger die mineralische Bodenmischung als die niemals zu entbehrende Frische entscheidet. Deutschland liefert bei weitem noch nicht den erforderlichen Bedarf an Gerberrinde, sondern erhebliche Quantitäten müssen vom Auslande importirt werden. Alle Lohrinde-Surrogate (der Gerber-Sumach, die ungarischen Knoppern, das amerikanische Dividivi, das Catechu, die Rinde von Fichten, Weiden, Birken), und alle Schnellgerbemittel sind bis jetzt nur als dem Zweck nicht vollkommen entsprechende Aushilfsmittel erkannt und wiederholt wird von Fachmännern den Besitzern von Forsten die Anlage von Eichenschälwald als rentabel empfohlen und als auch in der Zukunft einen gesicherten und steigenden Ertrag gewährleistend angesehen. Ueberdies sind die Surrogate theuer, zu selten und nicht wirksam genug. —

Von Torfbruch, dem armen trocknen Sandboden und Lagen, wo Früh- oder Spätfröste auftreten, ist bei dem Eichenschälwald-Anbau Abstand zu nehmen. Je weiter westlich, desto gerbestoffhaltiger sind die Eichenschälwälder, so daß eine Anlage an der Oder, einer an der Elbe und diese wieder einer am Rhein nachsteht. Je besser der Boden, desto mehr Gerbestoff liefert die Rinde, wegen ihrer glatten Beschaffenheit Spiegel-Rinde genannt. Sowohl die Stiel-Eiche, kenntlich durch lange Frucht und kurze Blattstiele, als die, besseren Boden beanspruchende Steineiche, mit kleineren, kürzeren, dickeren Früchten, eignen sich zum Schälwald. Wenn wir erstere vorziehen, so geschieht es, weil sie weniger guten Boden bedarf, schneller wächst, früher ausgrünt, und daher in ihren Ausschlagen besser bis zum Winter verholzt.

Die Schälwald-Anlage erfolgt allermeist durch Eichelsaat und zwar im Herbst nach der Reife der Eicheln, und da die Eicheln sich schwer den Winter über aufbewahren lassen, nur bei vielen Mäusen im Frühjahr. Muß man die Eicheln den Winter über aufbewahren, so geschieht dies, nachdem sie gehörig abgetrocknet sind, in derselben Art, wie die Aufbewahrung der Kartoffeln, in

kegelförmigen Haufen, welche mit Stroh, trocknem Laub und bei Frost mit
Erde gedeckt werden. Ein Graben um den Haufen führt das Wasser ab und
Töpfe auf der Grabensohle eingegraben und halb mit Wasser gefüllt, dienen
zum Wegfangen der Mäuse. — Die gesunde Eichel ist dunkelbraun, glatt, nicht
runzlig und wurmstichig in der Schale, schließt fest an letztere, beim Quer=
schnitt weißlich gelb, groß und darf nicht vom ersten Abfall, welcher meist
schlecht ist, gesammelt sein. — Auf bindigem Boden ist Ackercultur 1—2 Jahre
vor der Aussaat zu empfehlen. Weizen, Hafer, Hirse, mit größerem Vortheil
für die später anzubauende Eichel aber eine Hackfrucht, besonders die Kartoffel,
dienen zur Vorbereitung, Aufschließung des Bodens, Vertilgung des Unkrauts
und Lockerung des Bodens für die mit ihrer Pfahlwurzel tief eindringende
Eiche. — Um die Bodenrente zu erhöhen und das Unkraut fern zu halten,
kann man nach dünner Weizen= oder Roggensaat im Herbst die Eicheln nach
der Pflanzleine in 4 Fuß entfernten Reihen, 2 Zoll entfernt und 2 Zoll tief
sofort stecken. Die im nächsten April oder Mai mit röthlichen Blättern er=
scheinenden jungen Eichen werden durch das Getreide wohlthätig beschützt. Auf
gutem Boden schadet selbst die volle Einsaat von 1 Schffl. Winterung pro
Morgen nicht, und der Verfasser weiß aus eigener Erfahrung einen Fall, daß
im Auenboden der Oder die volle Einsaat von 1 Schffl. Weizen pro Morgen
erfolgte, und daß die Eichenpflanzen sich gerade an den Stellen am kräftigsten
zeigten, wo der Weizen am dichtesten gestanden hatte. Es ist wohl selbstver=
ständlich, daß das Getreide dann nicht mit der Sense, sondern mit der Sichel
abgebracht werden muß.

Eicheln in Vollsaat auf durch Ackercultur vorbereitetem und abgeegtem
Boden zu säen und dann flach wie den Roggen unterzuackern, wäre Samen=
verschwendung, denn man würde 6—8 Schffl. Eicheln pro Morgen brauchen,
deren Samenkosten, selbst wenn man die Samenbäume eigen besitzt, doch noch
immer 4—10 Sgr. pro Schffl. kosten würde, während man bei der Furchen=
saat mit 4 Schffl. pro Morgen auskommt.

Furchensaat ist daher gewöhnlich. Man wendet sie an, wenn der Ackerbau
nicht vorherging und zieht meist von Morgen nach Abend, oder sonst nach
der Form des aufzuforstenden Ortes aus anderer Himmelsgegend 4 Fuß ent=
fernte parallele, 1 Fuß oder auf zum Verrasen und Erzeugen von Unkraut ge=
neigten Boden 2 Fuß breite Streifen, welche tief gelockert werden. Am Berges=
hang werden die Streifen parallel zum Fuße des Berges gezogen, damit sich
keine Wasserrinnen bilden, was unausbleiblich der Fall sein würde, wollte man
die Furchen vom Fuß des Berges nach dem Gipfel ziehen. Der Lockerung
der Streifen geht das Abschwarten der Rasendecke vorher, welche auf den
Balken an die Südseite gelegt wird. In diese Streifen oder Furchen werden
die Eicheln 2 Zoll von einander entfernt und 2 Zoll tief gelegt und mit fein

zerkrümeltem Boden, der sich fest an die Eichel anschließt, bedeckt. Schollen, welche Mäusen und Wasser den Eingang verschaffen, sind streng verpönt. Sind sie vorhanden und Handarbeit wegen der Kosten oder aus anderen Gründen nicht anwendbar, dann tritt eine Ackerwalze an die Stelle. Auch mit dem Ackerpfluge oder Waldpfluge kann man 4 Fuß entfernte Saatfurchen zur Aufnahme der Eicheln ziehen, welche dann entweder durch eine zweite Saatfurche oder besser durch Handarbeit bedeckt werden. Es empfiehlt sich, der Saatfurche die Arbeit des Untergrundpfluges folgen zu lassen, um den Boden für die Pfahlwurzel der Eiche tief zu lockern. Eicheln in gelockerten Plätzen 4 oder 5 Fuß von einander entfernt zu legen, ist saatsparend, bei unkrautwüchsigem Boden aber nicht, sondern mehr auf steinigem und zur Nachbesserung bereits vorhandener Anlagen anwendbar. — 1 □ Fuß große Plätze werden als die kleinsten zu erachten und in den meisten Fällen auf 2—3 □ Fuß große auszudehnen sein. Unbedingt zu widerrathen ist die billige Culturmethode, den Rasen mit der Rodehacke aufzuklappen, eine oder mehrere Eicheln darunter zu legen und den Boden zurückfallen zu lassen, da die unentbehrliche Bodenlockerung fehlt und das Unkraut die Eichel nicht aufkommen läßt.

Sind die Eicheln in den Furchen sichtbar, dann wird ihr Gedeihen durch das Behacken der Balken befördert. Ein vergleichender Versuch von unbehackten neben behackten Reihen wird überzeugend für diese Operation sprechen. Ist das Durchhacken des ganzen Streifens zu theuer, dann durchhacke man wenigstens beide Ränder am Fuß der Eiche, und ist auch dieß nicht statthaft, dann lasse man mindestens das Gras absicheln, wobei man nebenbei einen hübschen Geldertrag erhält.

Die Cultur der Eiche, sowohl durch Saat als durch Pflanzung, erfolgt in der verschiedensten Art, und nicht bloß eine Methode führt zum Ziel, sondern der practische Blick wird die richtige Weise zu treffen wissen. — Gelungene Eichelsaaten sprechen noch nicht entscheidend für das Geschick des anbauenden Forstbeamten, denn der gute Boden thut das meiste und eine wohl gelungene Kieferncultur erforderte oft mehr Mühe und Nachdenken. Größere Lücken in den Saatstreifen von 3—4 Fuß müssen bald nachgesäet oder nachgepflanzt werden. Die Eiche fordert in der Jugend einen dichten, gedrängten Stand. Außer für Nachbesserung wird das Pflanzen von Eichen noch angewendet auf Boden, der durch Bloßliegen veröbete, oder wo der bessere Boden zu tief liegt, und erst nach einigen Jahren von der Saat erreicht werden würde.

Der umgebende Bestand entscheidet über das Alter der Pflänzlinge. In jungen Anlagen bessert man durch 1—3jährige, 2—3 Fuß hohe Eichen-Lohden ohne Mutterboden aus, welche entweder den nahe belegenen Furchensaaten, oder besonderen Kämpen entnommen, bei geringen Kosten sicheren Erfolg versprechen. Aeltere Culturen werden durch die Pflanzung von Eichenheistern gefüllt, 10 bis

12 Fuß hohen, in Kämpen erzogenen Pflänzlingen von Büchsenlaufstärke, deren Pflanzung kostbar und deren Erfolg immer unsicher ist. — Das Beschneiden von Wurzeln und Aesten, auch wohl die Kürzung der Pfahlwurzel, auf 8 bis 12 Zoll, wenn dies nicht schon im Kamp erfolgte, ist nicht zu umgehen. Darf man keine Kosten scheuen, dann bleibt die Pflanzung mit Mutterboden bei kleinen und starken Pflanzen allerdings stets das beste Mittel, welches jedoch meist wegen der Höhe der Transportkosten ausgeschlossen bleibt. Frühjahrs=Pflanzung ist sicherer als Herbst=Pflanzung, welche auch schon der kurzen Tage wegen kostbar ist. Im 4 füßigen Verband braucht man pro Morgen 27 Schock, in 5 füßigen Verband 2 Schock.

Zum Treiben der Eichen und Erzielen besserer Rinde ist die Untermischung anderer Hölzer durch Saat oder Pflanzung (wie Kiefer, Fichte), im Schälwald anzurathen, welche, nachdem sie ihren Zweck als Schutzholz erfüllten, heraus=gehauen werden. Man muß aber verhindern, daß diese schneller wachsenden Hölzer die Eiche nicht unterdrücken, was durch Einstutzen von Wipfel und Zweigen, und gänzlichen Aushieb erreicht wird. Die sich von selbst ansiedelnde Aspe vertilgt man durch Schälen eines Ringes auf dem Stamm, oder durch hohen und späten Hieb, um ihre nicht mehr verholzenden Ausschläge zu tödten. Wollte man sie tief hauen, dann würde sie dichte, die Eiche unterdrückende Wurzelbrut bilden, welche sich auf so weiter Fläche verbreitet, daß die Brut eines Aspenstammes bis 1 Morgen zu überziehen vermag.

Das Minimum des Eichenschälwaldalters ist in günstiger Lage 12—16 Jahre; in rauherer Lage und weniger günstigem Boden 20 Jahre. Bis zu diesem Alter bildet sich die glatte, nicht aufgerissene, sogenannte Spiegelrinde. — Sind die zu Schälwald bestimmten Flächen im Zusammenhang und von einigem Umfang, dann projectirt man soviel Schläge, als die angenommene Umtriebszeit Jahre enthält. Getrennte Lage kann Ungleichheit in der Flächen=größe der Schläge veranlassen. Gegen die Nord= und Ostwinde deckt man zur Sicherheit die Ausschläge durch Belassung einer Holzwand. Die Raumersparniß gebietet, die Schlaglinien als Abfuhrwege zu benutzen. Ist die zu Schälwald bestimmte Fläche klein, dann faßt man 2—3 Jahresschläge zusammen, d. h. man holzt nur alle 2—3 Jahre einen Schlag. Schon im Herbst und Winter vor dem Abtrieb des Schälwaldes im Frühjahr reinigt man den Schlag von fremdem Holz, Gesträuch und Gestrüpp und läßt nur die zur Rindengewinnung bestimmten Eichen stehen, welche im Frühling dann beginnt, wenn bei Auf=bruch der ersten Blätter sich die Rinde leicht vom Stamm löst. Bei warmen Regentagen erfolgt dies besser, als bei kaltem und windigem Wetter. Das Klopfen der Rinde befördert das Ablösen derselben. Das Schälen erfolgt selten an dem stehenden, sondern meist an gefälltem Holze und zwar fällt man einen so großen Vorrath Holz, als man in einem Tage zu schälen vermag. — Im erften Falle werden die Stangen am Fuß rings eingekerbt und die Rinde von unten nach oben aufgeschlitzt, wo sie so lange hängen bleibt bis sie entweder lufttrocken oder völlig trocken geworden ist, was aber nur bei anhaltend trock= nem Wetter gewagt werden kann. Hierauf werden die Stangen gefällt und auf Gestellen in dem etwa noch übrigen Theile entrindet.

Die Rinde wird auf Unterlagen von Reisern oder Stangen zum Trocknen hingelegt, was man durch mehrmaliges Umwenden so befördert, daß man sie schon nach 2—3 Tagen in einen luftigen Schuppen zum völligen Trocknen bringen kann. Das Naßwerden der Rinde, namentlich an der inneren Seite, veranlaßt das Auslaugen des Gerbestoffs und setzt den Werth der Spiegelrinde herab. Nach vollendetem Abtrocknen wird die Rinde in 3—4 Fuß lange, 1 Fuß dicke Bunde zur Versendung zusammengebunden. Zur Schonung der nach dem Abtrieb der Eichen bald hervorbrechenden Ausschläge halte man das Weidevieh fern und rücke auch alles Holz von dem Schlage ab. Das von Rinde entkleidete Holz, welches man als Schirrholz, Stangen, Deichseln, Leiter= bäume 2c. verwerthet und um es vor dem Aufreißen zu bewahren, im Wasser aufbewahrt, erhöht den Geldertrag des Schlages; das entborkte krumme als Knüppel= und Reisigholz eingeschlagene Material hat aber oft geringere Preise als das mit Rinde versehene Holz. Man wird daher in diesen Fällen gut thun, dem Käufer der Rinde die Verpflichtung aufzuerlegen, dieses Holz zur Taxe zu übernehmen. Der Verkauf der Rinde erfolgt in ähnlicher Weise wie der Verkauf der Producte der Weidenwerder, an den Bestbietenden zur Selbst= gewinnung, unter Bestellung einer angemessenen Caution. In dem öffentlich, und bei erheblichen Schlägen durch die in Berlin erscheinende Gerber=Zeitung bekannt zu machenden Termine, nimmt man die Gebote für den Einheitssatz pro Klafter oder lieber pro Centner entgegen und stellt die Bedingung, daß an dem, dem Aufsetzen der Rinde folgenden Tage das Abwiegen und die Ab= nahme durch den Käufer erfolge, damit man nicht bei langem Stehenbleiben zu viel am Gewicht verliere.

Es haben sich zwar in den süddeutschen Staaten, wo der Eichenschälwald= betrieb lebhaft im Gange ist, z. B. in Heilbronn, Rindenmärkte etablirt, wo die Producenten ihr Material offeriren. Bei uns ist jedoch dieser Verkaufsmodus noch nicht durchgedrungen, und wir würden uns der Willkür der Gerber über= liefern, wenn wir das Schälen selbst übernähmen und das Product offerirten, abgesehen von dem Uebelstand, daß selbst wenn uns angemessene Preise be= willigt würden, wir theurer schälen würden, als der mit dem Geschäft ver= traute Gerber.

In beifolgenden Notizen folgen einige Angaben über den Ertrag des Eichenschälwaldes in Material und Geld. Ein 22 jähriger Eichenschälwald lieferte auf Mittelboden in ebener Lage

<pre>
  4 Klftr. Knüppel   à 60 C' à 1⅔ Thlr. = 6 Thlr. 20 Sgr.
  6   =   Reisig   à 25 C' à ⅔ =   = 4   =   —   =
  2   =   Spiegelrinde à 30 C' à 11⅕ =   = 22   =   12   =
 ────────   ─────   ─────────────────
 12 Klftr.   450 C'   33 Thlr. 2 Sgr.
</pre>

excl. Nebenkosten oder jährlich 20½ C' Durchschnittszuwachs pro Morgen oder in Geld jährlich ca. 1 Thlr. 20 Sgr., in Procenten 17% Spiegelrinde und 83% Holz und zwar 33% Knüppel und 50% Reisig.

1 Klafter trockene Spiegelrinde wiegt 7—9 Ctr., 1 C' = 30—40 Pfd., 1 Bund grün 45—48 Pfd., ganz trocken 28—30 Pfd. Der Gewichtsverlust durch das Austrocknen beträgt demnach ca. 18 Pfd. oder 38%. Solcher Bunde gehen ohngefähr 30 auf 1 Klafter. Die nicht unerheblichen Kosten der ersten Anlage vertheilen sich, da der Bestand bei angemessener Behandlung lange Jahre vom Stock ausschlägt, auf viele Jahre, auch ist anfänglich während mehrerer Jahre der Ertrag des Grases, wenn es nicht des Wuchses der Eichen wegen entfernt werden muß, erheblich, und beträgt z. B. in dem obenstehenden Beispiel pro Morgen 1 Thlr. 15 Sgr. jährlich. Die Gewinnungskosten der Spiegelrinde stellen sich pro Klafter, bei 7½—9 Sgr. Tagelohn, auf 4—6 Thlr. oder pro Centner auf 12½—20 Sgr.

In einem anderen, dem Schlesischen Riesengebirge und zwar dem Gräflich Schaffgot'schen Reifensteiner Forste entnommenen Beispiel stellt sich der Ertrag eines 23jährigen, durch Birken=, Aspen= und Kiefern-Anflug vermischten Eichenschalwaldes auf nicht ganz humusarmem, mit Sand vermischtem, kaltgründigen Lehmboden auf 4 Morgen 62 □ Ruthen auf nachstehende Zahlen

<pre>
    86 Ctr. ganz trockene Rinde
   8½ Klftr. Knüppelholz
   31 Schck. Reisig und Nutzholzstangen = 2885 C'.
</pre>

im Durchschnitt pro Morgen 28¾ C', im Geld=Reinertrag 1 Thlr. 19 Sgr. pro Morgen, in Procenten 22% Rinde, 57% Nutz= und Brennholz, 21% Reisig.

Die Kosten der Gewinnung stellten sich hoch, da die Arbeiter ungeübt waren, die Arbeit im Tagelohn verrichtet und das nasse Wetter die Herrichtung eines Trockenschuppens veranlaßte.

Unter den Feinden der Eiche bemerken wir die Maikäferlarve, die Menschen und Vieh gefährliche Prozessionsraupe, welcher der Kuckuk gern nachstellt und den Kahneichenwickler.

Weidenwerder und Eichenschälwald sind die öfter auftretenden Formen des Niederwaldes; ihnen schließt sich der Erlenniederwald in tief gelegenen Wald=localitäten an, dessen Behandlung in Abtrieb, Hieb und Cultur von der Höhe und der Zeit des Eintritts des Wasserstandes abhängt. — Daher erleidet die Regel des tiefen Hiebes hier oft eine Ausnahme. Vom reinen Birkenniederwald ist wenig zu halten, da er wenig Masse giebt, im späteren Alter schlecht aus=

schlägt und den Boden bei dünnem Laubabfall verschlechtert. Auch andere Laubhölzer rein oder vermischt, eignen sich um so besser zum Niederwaldbetrieb, je mehr sie Wurzelbrut treiben, je kräftiger sie vom Stocke ausschlagen und je früher sie eine große Holzmasse und darunter viel Nutzholzstangen geben z. B. Weißbuche.

Die Eintheilung erfolgt in Proportionalschläge nach Bestand und Boden, oder Schläge von gleicher Fläche und die Schätzung der Masse nach Probehieben oder den Erfahrungen der Vorjahre.

Nebennutzungen.

Wo keine Raff= und Leseholz=Servitute bestehen, wird der Forstbesitzer das Raff= und Leseholz und den Abraum der Schläge an arme Bewohner des Forstes gegen Haidemiethezettel à 15—20 Sgr. vom 1. October bis ultimo März j. J. verpachten, und die regelrechte Ausübung innerhalb der Forstpolizei=Gesetze, namentlich durch das Verbot des Brechens mit Haken, überwachen lassen. Manche Forstorte werden des Wildes wegen von der Verpachtung aus=zuschließen sein. Streu, Poß, Moos ist nur von Gestellen und Wegen zu ver=kaufen, am besten pachtweise in Loosen, da der Verkauf nach Fudern schwer zu überwachen ist. Im Inneren der Bestände Streuwerk zu entnehmen, um mageren Feldern aufzuhelfen, ist so bedenklich, wie das Verfahren des heiligen Crispin, welcher das Leder stahl, um den Armen Schuhe daraus zu verfertigen. Der an und für sich geringe, ja fragliche Werth von Streu wird durch die hohen Werbekosten herabgesetzt, der Wald bedarf Düngung ebensogut wie das Feld und der schützenden Decke gegen Frost, Dürre und zu schnelle Verdunstung. Die Lupine ist ja das sichere und verhältnißmäßig wohlfeile Mittel, um mageren Feldern, ohne Plünderung des Waldes, einen Ertrag abzugewinnen.

Farrenkraut, Haide und andere rasenartig sich vorfindende unterdrückende Unkräuter und Gräser gebe man gegen geringes Entgeld oder umsonst an vor=sichtige Leute zum Streuwerk ab.

Die Zettel für Beeren und Pilze müssen keine Finanzquellen für den Wald=besitzer, sondern ein Mittel sein, um dem armen bedrängten Proletariat einen kleinen Erwerb zu verschaffen; durch Ausgabe von Freizetteln oder Zetteln à 1 Sgr. für Einzelne und 2 Sgr. an Familien, wird die Controle im Walde ermöglicht und Unwürdige, namentlich Holzdiebe können ausgeschlossen werden. In Gebirgsgegenden, wo Preißel= und Haidelbeeren in großer Fülle und Ueppigkeit gedeihen und selbst mit hölzernen Kämmen gewonnen werden, wird unter Umständen die Verpachtung vorzunehmen sein.

In den Forsten von besserem Boden, in Wäldern, wo Erlen=Brüche die Bestände durchziehen, wird die Grasnutzung eine erhebliche Einnahme=Quelle für den Waldbesitzer sein. Die meistbietende Verpachtung in Loosen muß auch

hier vorgenommen, und die Methode: Blech= oder andere Zeichen an die An=
wohner gegen Entgeld abzugeben, um auf Grund derselben über den ganzen
Forst sich zu verbreiten und nach Belieben hier und dort Gras zu entnehmen,
muß, da die Controle unmöglich und Contraventionen in Schonungen nicht
oder schwer festzustellen sind, verpönt werden. Auch die Waldweide wird unter
Umständen in dem älteren Holze durch Verpachtung zu nutzen sein.

Wir bemerkten eben, daß die Weiden=Anlagen in Localitäten, welche keine
Entwässerung gestatten, nicht, sondern am besten an fließenden Gewässern oder
Orten gedeihen, welche man be= und entwässern kann. Gleichwohl kann es oft
wünschenswerth sein, nasse und nicht zu entwässernde Forstorte der forstlichen
Production zu übergeben.

Rohr=Anlagen.

Die Anlage einer Rohr=Pflanzung mit Arundo Phragmites ist ein Mittel
hierzu. Platt auf den Boden gelegte, gut ausgewachsene Rohrhalme mit Erde
nur soviel bedeckt, daß sie das Wasser nicht wegtreiben und das feine Wurzel=
werk Boden faßt, begründen die Anlage, da sich bald in den Internodien der
Halme ein zahlreiches Wurzelgewebe bildet. Die Erfahrung der Neuzeit hat
die Ansicht berichtigt, daß nur durch das Legen von Rohrwurzeln die Fort=
pflanzung des Rohrs erfolgen könne. Wo kein starker Strom ist, kann man
auch nach Art der Faschinen lange Würste binden und mit diesen die Anlage
bewirken. Da jedoch in diesen Anlagen die unteren und oberen Halme in der
Entwickelung ihrer Wurzeln und Schößlinge sich gegenseitig hindern, so ist die
Wurstanlage als Materialverschwendend zu erachten und die Anlage eines sorg=
sam neben einander gelegten Gitterwerkes von Rohr, wo jeder Halm getrennt
für sich liegt, vorzuziehen. Man kann das Rohr auch in derselben Art stecken
und absenken, wie die Weidenstecklinge. Selbst auf abgegrabenen Moor oder
Torfgründen soll die Rohr=Cultur anwendbar sein.

Die Anpflanzung erfolgt zwischen Mitte Mai bis Mitte Juli, vor der
Rohrblüthe und vor dem Holzigwerden des Halms, wenn die Halme schon
eine angemessene Festigkeit oder sogenannte Speckwand haben, weil diese den
jungen Schößlingen als erste Nahrung dient. Man erndtet das Rohr im
Spätherbst bei trocknem Wetter, damit es nicht stockig werde und nicht zu früh,
wo es noch Blätter hat, welche bei dem Gypsrohr nicht geduldet werden.
Unter günstigen Verhältnissen ist der Ertrag einer Rohrpflanzung ebenso hoch,
ja manchmal höher als der eines Weidenwerders, denn das Material wird zum
Decken der landwirthschaftlichen Gebäude, zum Gypsrohr als Unterlage für die
Decken und Wandflächen, zu Matten und Baumstützen für Gärtner gesucht und
hoch bezahlt; überdieß ist die Anlage von Rohr= und Weidenwerdern der Enten=
und übrigen kleinen Jagd sehr förderlich.

Buch-, Registratur- und Geschäftsführung.

Nachdem wir im Vorstehenden die Anleitung zur Schätzung und Wirth-schaftsführung von Privat-, namentlich Kiefernforsten in den Hauptgrundzügen mitgetheilt haben, kommt es darauf an, auch die Mittel an die Hand zu geben, um die Resultate der Wirthschaft in angemessener Form schriftlich dar- und die Schätzung und Wirthschaft vergleichend gegenüber zu stellen. Wir fügen daher einige Vorschläge zur Buch-, Registratur- und Geschäftsführung bei.

Unseren Grünwalder Beispielsforst von nur 1679 Morgen, welcher nur unter einem Forstbeamten steht, denken wir uns in der Art erweitert, daß die technische Oberleitung unter einem verwaltenden Beamten (Oberförster) steht, welchem 2 Schutzbeamten (Förster) unterstellt sind. — Das für 2 Förstereien (Beläufe, Schutz-Districte) gegebene Beispiel, stellt das Verfahren in derselben Art dar, wie es auch für eine größere Zahl zur Anwendung kommen kann.

Repertorium und Acten.

Die Acten für die Forstverwaltung sind durch den Oberförster in ein Re-pertorium mit folgenden Titeln aufzunehmen:

Tit.   I. Abschätzungs- und Vermessungssachen,
=   II. Areal- und Grenzsachen,
=   III. Bau-Sachen,
=   IV. Etats- und Kassen-Sachen,
=   V. Hauungs-Sachen,
=   VI. Holzabgabe-Sachen und Holz-Taxen,
=   VII. Jagd- und Fischerei-Nutzung,
=   VIII. Cultur-Sachen,
=   IX. Nebennutzungs-Sachen,
=   X. Personal-Sachen,
=   XI. Rechnungs- und Registratur-Sachen,
=   XII. Schutz- und Polizei-Sachen,
        a) Naturereignisse und Insectenfraß,
        b) Forst-Strafsachen,
=   XIII. Servituten, Reallasten und Berechtigungen,
=   XIV. Verschiedene Gegenstände (Varia; Miscellanea.)

Die Acten sind zu trennen in General- und Special-Acten, jene die all-gemeinen Bestimmungen, diese die besonderen Vorgänge enthaltend, und durch andersfarbige Etiquette unterschieden. Die einzelnen losen Pieçen sind chronologisch möglichst oft zu heften, um das Verlegen und einen eventuellen Verlust zu verhindern. Die Akten dürfen im Rücken nicht dicker als drei Finger stark sein. Sie werden in einem zu verschließenden Schranke aufbewahrt, zusammen mit den Rechnungsbüchern und den Druck-Inventarien-Sachen.

Man bestimmt für jeden Titel mehre Fächer, welche dieselben Etiquetten wie die Titel des Repertoriums tragen. Wenn Raum vorhanden ist, weist man den General-Akten in jedem Titel ein besonderes Fach an. In längeren Zwischenräumen von 10—15 Jahren sondert man die zu reponirenden Akten von der laufenden Registratur ab und stapelt sie auf Grund eines für die reponirte Registratur besonders, aber nach den Titeln der laufenden, anzulegenden Repertoriums auf, nachdem sie in dem laufenden Repertorium gelöscht und zur Seite mit Titel und Nummer des reponirten Repertoriums versehen sind.

Dieses Reponiren wird vornehmlich für die schneller sich füllenden Special-Acten erforderlich. Es empfiehlt sich bei Uebernahme einer Verwaltung, namentlich wenn die bestehenden Akten-Volumina der größeren Zahl nach voll sind, neue, namentlich Special-Akten anzulegen. Die Orientirung wird dann wesentlich erleichtert sein. Um die Akten auch äußerlich sauber und nach Vorschrift zu haben, besorgt man sich von einem Buchbinder für ein Billiges in Vorrath, geheftete und mit gedrucktem Titel und Etiquette versehene blaue oder weiße Aktendeckel. Für Anfertigung der gedruckten Aktendeckel und der anderen weiter unten erwähnten Druckformulare kann man in Gemeinschaft benachbarter Forst-Verwaltungen die Vortheile der Consum-Vereine durch Bestellung eines größeren und selbstredend wohlfeileren Vorraths genießen. Die Ordnung verlangt, daß man auf dem ersten Blatt jeden Aktenstückes die Journal-Nummer des Geschäfts-Journals der in dem Aktenstück enthaltenen Piecen notirt, welche, wenn einzelne Sachen herausgetrennt werden, zu durchstreichen ist; auch sind die Akten mit Rothstift zu paginiren.

Geschäfts-Journal.

Jede bei der Forst-Verwaltung eingehende Sache von einiger Bedeutung ist in dem Geschäfts-Journal aufzunehmen und die Nummer auf der Sache selbst zu notiren, sowie das Datum der Ankunft, (Praesentatum). Dies Journal ist in Folio anzulegen, chronologisch zu führen und mit dem untenstehen Kopf nach folgenden Rubriken zu versehen:

(Seite links: Ueberschrift) der eingegangenen Sachen.

1. Laufende Nummer.
2. Nummer der Verfügung.
3. Datum der Sache und des Eingangs derselben.
4. Verfasser.
5. Kurzer Inhalt.

(Seite Rechts: Ueberschrift.)

des darauf oder auch ohne vorhergegangene Veranlassung Verfügten.

6. Datum.

7. Kurzer Inhalt und an wen die Verfügung erlassen oder Bericht erstattet worden.

8. Tag des Abgangs.

9. Bemerkung, zu welchen Akten die Sache gekommen.

Selbst solche Sachen sind in das Journal aufzunehmen, welche nicht zu den Akten zu bringen sind. In diesem Falle ist aber eine etwas ausführlichere Notiz im Journal erforderlich. Alle eingehenden Sachen werden im Journal zur linken, die auf Veranlassung oder ohne Anlaß eingegangener Sachen erstatteten Berichte und Verfügungen zur rechten Seite des Journals aufgenommen.

In einer größeren Geschäfts-Verwaltung ist ein nach Monaten geordneter Geschäftskalender unerläßlich. Bei der Verschiedenheit der Bedürfnisse unterbleibt die Angabe eines Schemas.

Abzählungs-Tabellen.

Wenn der Schlag in der Art aufbereitet ist, wie wir oben ausführlich gezeigt haben, wird das Material vom Förster nach Bau- und Brennholz getrennt in die Abzählungs-Tabelle übernommen. Jede in dem Schätzungswerk getrennte Abtheilung muß auch bei der Buchführung getrennt werden.

a. Für Bauholz. (Anl. I.)

Man läßt, mit Nr. 1 in jedem Jagen beginnend, die Hölzer, wie sie liegen, möglichst dem Werth nach folgen, und zwar in derselben Art, wie sie dem Werth nach in der Taxe graduirt sind und zwar

1. Buchen (Roth- und Weißbuchen),
2. Eichen,
3. Rüstern, Ahorn, Eschen,
4. Birken und Erlen,
5. Aspen, Linden, Pappeln, Weiden,
6. Kiefern, Lärchen,
7. Fichten und Weißtannen.

Der Förster zieht zu Hause die im Walde eingetragenen Maaße der Bleistiftzahlen mit Dinte aus und cubicirt mit Hülfe der Stahl'schen oder einer anderen Cubictabelle, nach Durchmesser oder Umfang. Letztere Methode ist, wie oben dargethan, vorzuziehen. In den Abzählungs-Tabellen für Bau- und Brennholz und im Holz-Journal sind die Abtheilungs-Buchstaben beizusetzen.

Jedes Jagen erhält einen besonderen Platz in der Abzählungs-Tabelle und wird nach erfolgter Abnahme besonders abgeschlossen. Die Abnahme des Schlages ist vollendet, wenn der Oberförster den Schlag probeweise nachgemessen, richtig befunden, jeder Stamm mit dem Hammer angeschlagen und die Tabelle von ihm und dem Förster unterzeichnet und datirt ist.

Im Schlage selbst die Tabelle zu vollziehen, ist umständlich und würde das Mitführen eines Dintenfasses erforderlich machen, denn die Bleistiftunterschrift kann als ordnungsmäßige Unterschrift nicht angesehen werden, und bei schlechtem, namentlich regnichtem Wetter kaum ausführbar. — Haben Nutzenden und Sageblöcke eine besondere Taxe, dann sind sie getrennt vom Bauholz aufzuführen.

Weitläufig und zu verwerfen ist die Methode die Bauholzstämme, um sie klassenweise für den Verkauf geordnet in der Tabelle zu haben, im Schlage provisorisch zu numeriren, dann zu Hause zu cubiciren und dann definitiv im Schlage nochmals zu numeriren. Nicht ganz deutliche provisorische Bleistift-Zahlen auf oft rauher Stammfläche, sind Anlaß zu Irrthümern und nutzloser Zeitverschwendung durch Hin= und Herlaufen im Schlage. Die Bauholzstämme sind vielmehr im Schlage gerade wie sie liegen aufzumessen und zu numeriren und erst aus der Tabelle in die Verkaufsliste klassenweise zu übernehmen. Auch bei der Abfuhr macht die vorerwähnte Methode große Unbequemlichkeit. Die Förster=Abzählungstabelle ist die Basis der Vereinnahmung und das wichtigste Document, von welchem der Oberförster Abschrift nimmt. Es ist nicht erforderlich, daß diese Abschrift der Tabelle vom Förster vollzogen wird, während die Förstertabelle unter allen Umständen vom Oberförster vollzogen sein muß, denn der Letztere ist verantwortlich für die Richtigkeit und ordnungsmäßige Führung der Förstertabellen, der Förster aber nicht umgekehrt für die Ober-förstertabelle, welche lediglich eine Abschrift des Original=Documents der Förster=Abzählungs=Tabelle ist.

Die Abzählungs=Tabellen jedes Försters sind getrennt nach Bau= und Brennholz zusammenzuheften, ebenso die des Oberförsters.

b. Für Brennholz. (Anl. K.)

Die Brennholz=Abzählungs=Tabelle wird in gleicher Weise geführt, wie die Bauholz=Abzählungs=Tabelle. Die Holzarten folgen in jedem Jagen von Nr. 1 beginnend, möglichst dem Werthe nach und in den Holzarten dem Werth der Sortimente nach, und zwar

1. Scheit,
2. Knüppel,
3. Stock,
4. Reiser (ausgeknüppelt auf 3 Fuß gekürzt à 40 C').
5. Reiser (mit Spitzen à 20 C'.

Am Ende jedes Schlages ist in der Bau= und Brennholz=Tabelle des Oberförsters und Försters eine Wiederholung der Holzarten und Sortimente nach den einzelnen Abnahmen anzufertigen, wenn deren mehre vorkommen.

Am Ende des Wirthschaftsjahres ist für jede Försterei (Belauf) eine Zusammenstellung aller Jagen zu fertigen; die Zusammenstellung der Förstereien (Beläufe) ergiebt dann den Gesammteinschlag der Verwaltung während des Wirthschaftsjahres.

Hauer= und Rücker=Lohnszettel und Rechnung. (Anl. L.)

Auf Grund der mit dem Holzhauermeister vereinbarten Schlage= und Rücker=Lohnssätze, wird der Holzhauer=Lohnszettel von dem Förster aufgestellt, von dem Oberförster geprüft, auf die Forstkasse angewiesen, bezahlt und quittirt.

Da wir des Rückerlohns erwähnten, so bemerken wir hier, daß meist nur das trockne oder Durchforstungsholz der besseren Uebersicht und der Bequemlichkeit der Käufer wegen, auf Wege und Gestelle, zusammengerückt wird. — Im Niederwald und Buchenhochwald muß das Abrücken aber meist erfolgen. Das Rücken wird entweder dem Mindestfordernden verdungen oder dem Holzhauermeister, gegen den nach der Entfernung differirenden Satz von 1—3 Sgr. überlassen. Dieser Satz ist wie das Hauerlohn in den Taxen enthalten und nur eventuelle höhere Rückerlohnsätze werden mit dem, den Satz von 3 Sgr. übersteigenden Betrag der Taxe zugefügt und vom Käufer beim Kaufgeld eingezogen.

Holz=Journal. (Anl. M.)

Der Holzhauer=Lohnszettel gelangt getrennt nach Holzarten und Sortimenten zur Vereinnahmung in das durch den Oberförster geführte Holz=Journal. Es ist in Folio anzulegen, seine Breite wird nach dem in dem Revier auftretenden Holzarten bemessen. Im Eingang hat jede Försterei (Belauf, Schutzdistrict, Schutzbezirk) 2—3 Seiten für die Einnahme und Ausgabe nach Beläufen, jedes Hau=Jagen (kahler Abtrieb) eine Seite und für die Jagen des trocknen Durchhiebes und der Durchforstung sind für je 2—3 Jagen eine Seite bestimmt. Die obere Hälfte des Journals ist den Einnahmen, die untere den Ausgaben zugewiesen. — Das Holz=Journal wird, um eventuelle Fehler nicht durch das ganze Wirthschaftsjahr fortzupflanzen und in bestimmten Zeitabschnitten einen Ueberblick über den Bestand zu gewähren, alle Quartal abgeschlossen. In der Ausgabe wird die Art und Weise des Verkaufs vermerkt, z. B. Deputatholz, Versteigerungs=Protokoll, zu Wegebauten, zu Forstbauten, freihändiger Verkauf pro März 2c.

Jetzt haben wir in den Abzählungs=Tabellen, Holz=Journal und Manual neben Bauholz nur eine Rubrik Schock, Cubikfuß. Sonst wurden die einzelnen Bezeichnungen von Hopfenstangen, Baumpfählen, Bohnenstangen, Leiterbäumen ꝛc. speciell aufgeführt und dadurch die Bücher zu unförmlicher Breite angeschwellt. Die jetzige Praxis ist ein großer Fortschritt. Diese Schocke gehören alle zu dem Reisigholz. Es ist für das Journal und Manual ohne Werth zu wissen, welchem Sortiment der Stangen die betreffenden Schocke angehörten. In den Abzählungs=Tabellen ist neben dem Material der Schocke das Sortiment beigesetzt und auf diese kann man erforderlichen Falles zurückgehen.

Am Schlusse des Rechnungs=Jahres wird die Hauerlohns=Rechnung gelegt. Es ist dies einfach eine Abschrift der belaufsweisen Einnahme nach Material, Hauer= und Rückerlohn, also der pag. 1, 2 unseres Holz=Journals. In jedem Belauf wird, da die Hauerlohns=Rechnung die ganze Material=Einnahme nachweisen muß, dem für Geld verlohnten Material das zum Selbsthieb vereinnahmte zugesetzt, d. h. das Holz, welches durch den Holzempfänger selbst, oder bei Gelegenheit anderer Arbeiten ohne Lohn zum Einschlag gelangt ist z. B. Stangen zum Zaun eines Saatkamps, Faschinen, welche bei einem von der Forstverwaltung ausgeführten Uferbau verwendet werden ꝛc.

Bei der Holzhauerlohns=Rechnung muß in den Königl. Preuß. Staats=Forsten ein Quittungsstempel von 1/12 % des von jedem Holzhauermeister erhobenen Hauer= und Rückerlohns durch Cassirung von Stempelpapier oder Aufkleben von Stempel=Marken verwendet werden.

Manche Forstverwaltung fertigt in der Art die Hauerlohns=Rechnung, daß die Summa an Material und Geld jedes Belaufs auf einer Linie in einer Rechnung zusammengetragen und darüber ein Belag in einem Hauptlohnzettel beigefügt wird, so daß die Speciallohnzettel dadurch später entbehrlich werden. Man hat dann z. B. in einem Revier von 4 Beläufen in der Hauerlohns=Rechnung 4 Linien und 4 Hauptlohnzettel. Für die Calculatur ist dieses Verfahren zeitraubend, da dieselbe die Speciallohnzettel besonders prüfen und zusammenstellen muß, um die Gewißheit zu haben, daß sie mit der Summa an Material und Lohn stimmen. Für die Forstverwaltung macht dieses Verfahren zwar keine erhebliche Schwierigkeit, denn der Abschluß jedes Belaufs giebt die Einnahme an Material und Geld, und es tritt nur die allerdings etwas umständliche Anfertigung der Hauptlohnzettel hinzu.

Jeden Falls ist die vorgenannte Methode schwerfällig und macht unnöthige Arbeit; wir bleiben daher bei der einfachen, erst genannten Weise stehen, da es das natürlichste und einfachste Verfahren, und das andere schon deshalb nicht zu empfehlen ist, weil es mehr Schreibewerk veranlaßt. Dieses muß auf das Minimum reducirt werden, damit die Forstbeamten dem Walde, dem Schauplatz ihrer hauptsächlichsten Thätigkeit so wenig wie möglich fern gehalten werden, und damit unserer forstlichen Zeit der vielleicht nicht ungerechte Vorwurf wird, zur Verminderung des Schreibewerks wird noch einmal so viel geschrieben. — Der Oberförster hat daher mit den Förstern meist mündlich zu verkehren; bestimmte Rapporttage sind unpractisch, da sie Holz- und Wilddieben bald bekannt und ausgenutzt werden, es auch in einfachen Verhältnissen oft an Stoff zur Verhandlung auf den Rapporttagen fehlt. Die Praxis läßt meist das Richtige finden, und so sind wir der Ansicht, daß, obschon wir dem mündlichen Verkehr den Vorzug geben, es bei detachirten und vielen Beläufen und gleich lautenden Aufträgen für mehre Beamte zur Sache ist, wenn der Oberförster ein Circulair erläßt, anstatt selbst bei jedem Einzelnen herumzufahren oder zu reiten, auf die Gefahr hin, ihn nicht heimisch oder im Walde anzutreffen und ersteren Falls den, den Angehörigen des Försters mitgetheilten Auftrag vergessen oder falsch bestellt zu sehen.

In dem Holz-Journal wird nur in der Einnahme das Geld (Hauer- und Rückerlohn) aufgeführt, in der Ausgabe aber nicht, da das Holz-Journal wesentlich den Zweck hat, das Material in Einnahme und Ausgabe zu verbuchen. Es wird daher die Cubicirung an Derbholz und überhaupt nur in Einnahme und Ausgabe der Quartal-Abschlüsse vorgenommen, um die Uebersicht über den jeweiligen Stand des Hiebes und einen Vergleich zum Hauungsplane zu haben.

Unter Anlage M. ist das Beispiel der Vereinnahmung und Verausgabung im Holz-Journal durchgeführt.

Holz-Manual und Natural-Rechnung. (Anl. N.)

Das eigentliche Ausgabe-Conto für Material- und Einnahme-Conto für Geld ist das Holz-Manual, welches abgeschlossen die Natural-Rechnung giebt, da es ganz in die Titel der Rechnung zerfällt.

Es enthält folgende Titel:

A. Unter der Taxe.

1. Bestimmte Holzabgaben.

a) ganz frei,

b) gegen Hauerlohn.

Hierher gehören Deputate von Geistlichen, Lehrern und anderen Anwohnern des Forstes.

2. Unbestimmte Holzabgaben.

a) frei,

b) gegen Hauerlohn.

Deputate der Forstbeamten, Hölzer für Culturzwecke 2c.

B. Nach bestimmten Preisen oder dem Meistgebote.

1. Holzabgaben.

a) Nach der Taxe.

Zu Bauten der Forstverwaltung (z. B. zu Bauten an Forstdienstgebäuden, Zäunen, Utensilien (Dachleitern 2c.)

Das Hauerlohn muß hier ante lineam ausgeworfen werden.

2. Zum freien Verkauf.

a) Nach der Taxe oder sonst bestimmten Verkaufspreisen im Allgemeinen.

(Hierher gehören namentlich die monatlichen Verkaufslisten.)

b) Nach dem Meistgebot durch Licitation.

(Hier werden alle Versteigerungs-Protokolle aufgenommen.)

C. An verloren gegangenen und entwendeten Hölzern.

Der Kopf zum Formular des Holz-Manuals und der ganz gleichlautenden Natural-Rechnung ist unter Formular N. enthalten.

Der Natural-Rechnung wird man die Cultur-Rechnung beifügen. Sowohl das Holz-Journal als das Holz-Manual müssen alle Quartale abgeschlossen werden, um eine Uebersicht über die Lage des Hiebes, der Einnahme und Ausgabe zu haben, und um etwaige Fehler nicht durch das ganze Wirthschaftsjahr durchzuführen, sondern rechtzeitig zu entdecken und abzustellen. — Für Forstverwalter, welche läßig und säumig sind, ist in den Quartal-Extracten, welche auch die Lage der Geld-Einnahme ersichtlich machen müssen, der vorgesetzten Behörde das Mittel an die Hand gegeben, um treibend und erinnernd und namentlich auch dafür zu wirken, daß die Holzbestände rechtzeitig geräumt werden. Es ist selbstverständlich, daß den Quartal-Extracten die Beläge über versteigertes und freihändig verkauftes Holz beigefügt sein müssen. — Unter Anl. V. folgt das Formular für den Quartal-Extract.

Holztaxe. (Anl. O.)

Unter Anlage O. sind die Bestimmungen und das Beispiel einer Holztaxe gegeben. In neuerer Zeit hat man der Holztaxe die Nebenkosten an Hauer- und Rückerlohn gleich zugesetzt, und quält sich nicht mehr wie früher ab in der Ausgabe und Rechnung speciell nachzuweisen, daß die verausgabten Nebenkosten von den Käufern erstattet sind. Es ist dies ein großer Fortschritt zum Besseren, denn die alte Art hat unendliche Mühe, Rechnungsfehler und Monita, einen Nutzen aber nie zur Folge gehabt. Nur bei dem Rückerlohn über 3 Sgr. und mehr pro Klafter wird der Nachweis gefordert, daß der überschießende Betrag vom Holzkäufer erstattet ist. — In der Holztaxe (Anl. O.) sind die in der Taxe enthaltenen Nebenkosten an Hauer- und Rückerlohn vor der Colonne Bemerkungen aufgeführt.

Holzverkauf.

Bis vor 20 oder 30 Jahren war der freihändige Verkauf die Regel. Be=
günstigungen und schlechte Preise waren die Ursache, daß man die Versteigerung
nach großen Kämpfen an die Stelle setzte und zur Regel erhob. Der Preis
ist das Resultat aus Angebot und Nachfrage und wird am klarsten bei dem
öffentlichen Verkauf sich herausstellen. Dem öffentlichen Verkauf läuft selbst=
verständlich eine öffentliche Bekanntmachung voraus. Auch bei dem Verkauf
aller anderen Nebennutzungen des Waldes, mit Ausnahme etwa der Ausgabe
der Beeren= und Pilz= und Raff= und Leseholz=Zettel, ist die Versteigerung
angemessen, und entspricht dem Interesse des Wald=Besitzers. Zur Hebung
der Concurrenz empfiehlt sich bei Versteigerungen das Angebot von kleinen
Loosen und oftmalige Anberaumung von öffentlich bekannt zu machenden Ter=
minen. — In dringenden, durch Feuer=, Waffer=, Wind=Schaden veranlaßten
Bedarfsfällen, können einzelne Nutzholzstämme freihändig oder nach dem Lici=
tations=Durchschnittspreis abgegeben werden; nicht minder im Interesse des
Absatzes und Forstschutzes kleine Nutzholz=Sortimente (Stangen= und Reisig=
Nutzholz) und an Arme der Bedarf an Stock= und Reisigholz, endlich auch
Windfälle oder von Holzdieben gefällte Stämme außerhalb der Schläge an
einen Käufer, jedoch nie mehr jährlich als für den Werth von 15 Thlr.

In kleinen Privatforsten, und wenn man das auf den Termin gebrachte
Holz, ohne Reste zu behalten, verkauft, kann man die Abzählungs=Tabelle für
Bau= und Brennholz als Versteigerungs=Protokoll benutzen. In größeren
Forsten und wo man Reste behalten würde, bedient man sich des nachfolgenden
Schemas, deffen Bedingungen man bei Beginn des Termins dann stets vor=
liest, wenn nicht die Käufer übereinstimmend den licitirenden Beamten davon
dispensiren mit dem Bemerken, daß die Bedingungen ihnen bekannt seien.

Deckel.

Wirthschafts=Jahr 1867.   1. Cap. 2. Abtheil. der Rechnung.

Holz=Versteigerungs=Verhandlung

aus dem Jagen N. 1. 2. 3. des Hauungsplanes pro 1866, im Belaufe Grün=
wald I, des Forst=Reviers Grünwald, aufgenommen den 6. October 1868 von
dem Oberförster N. und dem Rendanten N. N. unter Zuziehung des Försters A.

Der heutigen, durch die Anlage der Umgegend bekannt gemachte Verstei=
gerung wurden nachstehende Bedingungen zu Grunde gelegt.

§ 1. Die Gebote werden auf das ganze zum Verkauf gestellte Loos oder
Quantum abgegeben.

§ 2. Außer dem Steigerpreise, welcher geboten wird, finden keine Kosten weiter Statt.

§ 3. Der Zuschlag wird nach dreimaligem Ausrufen des Meistgebots dem Bestbietenden sofort ertheilt, wenn sein Gebot den Taxwerth resp. den vom Oberförster gestellten Anforderuns-Preis, d. i. 20% über die Taxe, erreicht oder übersteigt. Bleibt das Meistgebot unter diesem Preise, so hängt es von dem Ermessen des versteigernden Beamten ab, ob er das Gebot sofort zurückweisen oder den Zuschlag sofort ertheilen, oder endlich ob er wegen Annahme des Gebotes die Genehmigung der vorgesetzten Behörde vorbehalten will. Erklärt er das Letztere, so ist der Meistbietende 6 Wochen lang an sein Gebot gebunden.

§ 4. Die Bezahlung muß in kassenmäßigem Gelde im Termin selbst oder innerhalb 28 Tagen nach erfolgtem Zuschlage an die betreffende Forstkasse erfolgen, bei Vermeidung der administrativen Execution ohne weitere gerichtliche Klage und Zahlung von 5% Verzugs-Zinsen.

§ 5. Erlaß an dem Steigerpreise wegen schlechterer Beschaffenheit des Holzes als man erwartete, nicht vollen Maaßes oder aus irgend einer anderen Ursache findet nicht Statt, da der Verkauf als ein in Bausch und Bogen erfolgter zu erachten ist.

§ 6. Mit dem Zuschlage geht das Holz ohne besondere Uebergabe in das Eigenthum des Käufers über und haftet die Forst-Verwaltung nicht länger dafür. Die Forstbeamten sind jedoch verpflichtet, so lange das Holz im Walde steht, nach Möglichkeit für die Sicherheit desselben zu sorgen.

§ 7. Ueber das zugeschlagene Holz erhält der Käufer nach Zahlung des Geldbetrages einen von dem Kassenbeamten quittirten Holzverabfolgezettel, welcher dem Förster vor der Abfuhr zu übergeben ist.

§ 8. Die Abfuhr wird auf 8 Wochen, vom Tage des ertheilten Zuschlages ab gerechnet, bestimmt. Läßt der Käufer dieselbe verstreichen, ohne das Holz abzufahren, so ist die Forstverwaltung berechtigt, das nicht abgefahrene Holz auf Kosten des Käufers an die Gestelle, Wege oder sonstige Orte, wo dasselbe ohne Nachtheil lagern kann, abrücken zu lassen. Außerdem verwirkt der Käufer Polizeistrafe.

§ 9. Wegen Abgabe der Holzverabfolgezettel, Abfuhr des Holzes 2c., wird auf die Vorschriften der Polizei-Verordnung vom — — verwiesen.

§ 10. Wollen Käufer ihr Holz an andere abtreten, so müssen sie dies dem Oberförster anzeigen, bleiben aber dennoch für die Zahlungen verantwortlich.

§ 11. Zum Zeichen der Anerkennung des Kaufs unter vorstehenden und vom versteigernden Beamten etwa noch zuzusetzenden Bedingungen haben die Käufer von Holz zu mehr als 50 Thlr. die Versteigerungsliste bei den sie betreffenden Loosen zu unterschreiben.

Nach Vorlesung dieser Bedingungen wurde das umstehende Holz wie folgt, versteigert.

Inhalt des Versteigerungs-Protokoll

Nummer der Loose.	des Holzes in der Abzählungsliste.	Benennung des Holzes.	Es wird zum Verkaufe gestellt: Bau- und Nutzholz							Rinde in Klaftern zu 108 Kubikfuß Raum.	Brennholz						
			Stück.	Länge in Fußen.	Mittler Durchmesser in Zollen.	Kubikfuß.	Schock.	Kubikfuß.	In Klaftern zu 108 Kubikfuß Raum.		Scheite gesund	Scheite fehlerhaft	Knüppel gesund	Knüppel fehlerhaft	Stock	Reiser à 40 Kubikfuß	Reiser à 20 Kubikfuß
		Belauf I. Jagen 5.															
1	3	Kief.-Bauholz 1/20 C'	1	30	9½	15	.	.	.	.	.	.	.	.	.	.	.
	6	„ „ „	1	31	11	20	.	.	.	.	.	.	.	.	.	.	.
		Summa	2	.	.	35	.	.	.	.	.	.	.	.	.	.	.
2	15	Kief.-Bauholz 31/40 C'	1	34	14	36	.	.	.	.	.	.	.	.	.	.	.
		Summa p. s.	.	.	.	.	.	.	.	.	.	.	.	.	.	.	.
3	12	Kief.-Bauholz 51/60 C'	1	36	16½	53	.	.	.	.	.	.	.	.	.	.	.
4	11	Blöcke	1	25	13½	25	.	.	.	.	.	.	.	.	.	.	.
		Belauf II. Jagen 16.															
5	1/20	Kiefern-Kloben	.	.	.	.	.	.	.	.	20	.	.	.	.	.	.
		Jagen 19.															
6	20/25	Kiefern-Stubben	.	.	.	.	.	.	.	.	.	.	.	.	6	.	.
		Wiederholung. Belauf I.															
		Kf.-Bauhlz. Jg. 5 1/20 C'	2	.	.	35	.	.	.	.	.	.	.	.	.	.	.
		„ 31/40	1	.	.	36	.	.	.	.	.	.	.	.	.	.	.
		„ 51/60	1	.	.	53	.	.	.	.	.	.	.	.	.	.	.
		Blöcke	1	.	.	25	.	.	.	.	.	.	.	.	.	.	.
		Summa Belauf I.	5	.	.	149	.	.	.	.	.	.	.	.	.	.	.
		Belauf II.															
		Jagen 16	.	.	.	.	.	.	.	.	20	.	.	.	.	.	.
		Jagen 19	.	.	.	.	.	.	.	.	.	.	.	.	6	.	.
		Summa Belauf II.	.	.	.	.	.	.	.	.	20	.	.	.	6	.	.
		„ „ I.	5	.	.	149	.	.	.	.	.	.	.	.	.	.	.
		Summa	5	.	.	149	.	.	.	.	20	.	.	.	6	.	.

in Klaftern zu 108 Kbff. Raum.

Festgestellt auf Einhundert Fünfzehn Thaler Ein und Zwanzig Silbergroschen.

Der Oberförster N.   Der Rendant A.   Der Förster B.

m 6. November 1866.

Taxwerth für die Maaßeinheit einschließlich aller Nebenkosten.			Taxwerth im Ganzen einschließlich aller Nebenkosten.		Namen und Wohnort der Käufer.	Zu erhebender Geldbetrag nach dem Meistgebot überhaupt.		Unterschrift der Käufer, welche für 50 Thlr. und darüber Holz in einem Loose erstanden haben.	Nr. der Holzverabfolgezettel.	Bemerkungen.
Thlr.	sgr.	pf.	Thlr.	sgr.		Thlr.	sgr.			
.	3	.	1	15	Schulz in Grünhof	4	.	. . .	201	
.	.	.	2	.						
.	.	.	3	15						
.	3	6	4	6	Schmidt in Pelerwitz	4	6	. . .	202	
.	.	.	.	.						
.	4	6	7	29	Quint in Qualwitz	8	.	. . .	203	
.	5	.	4	5	Schrader daher	4	10	. . .	204	
4	10	.	86	20	Beyer in Großburg	87	.	Beyer	205	
1	10	.	8	.	Derselbe	8	5	. . .	205	
.	.	.	3	15	. . . . .	4	.			
.	.	.	4	6	. . . . .	4	6			
.	.	.	7	29	. . . . .	8	.			
.	.	.	4	5	. . . . .	4	10			
.	.	.	86	20	. . . . .	87	.			
.	.	.	8	.	. . . . .	8	5			
.	.	.	114	15	. . . . .	115	21			
						114	15	Taxe		
						1	6	Plus		

In das Versteigerungs=Protokoll und in die freihändigen Verkaufslisten wird jeder Bauholzstamm aus der Abzählungs=Tabelle mit Nummer, Länge, Durchmesser, Cubikfuß einzeln aufgenommen, getrennt nach den Klassen (1 bis 20 C'; 21—30 C' 2c.); andern Falls hat der Revisor nicht die Möglichkeit der Prüfung der richtigen Cubicirung, und muß bis auf die Bauholz Ab=zählungs=Tabelle zurückgehen. Es kann aber eine größere Quantität Bauholz=stämme auf einmal ausgeboten resp. verkauft werden, jedoch stets nur der=selben Klasse, da, wenn mehrere Klassen zusammengeworfen werden, die Lici=tations=Durchschnittspreise, welche die allein richtige Basis der Holztaxe sind, nicht am Ende des Versteigerung=Protokolls zusammengestellt werden könnten.

Von dem Brennholz können in dem Versteigerungs=Protokollen und Ver=kaufslisten größere Quantitäten desselben Sortiments (Kloben, Knüppel 2c.) zu=sammengefaßt werden.

Die Versteigerungs=Protokolle und Verkaufslisten sind nach Bau= und Brennholz, selbstverständlich nach Klassen und Sortimenten getrennt und nach Taxe und Meistgebot so zu recapituliren, daß die Summa des in jedem Jagen und Belauf verkauften Holzes am Schlusse ersichtlich ist, und die ganze Ver=kaufs=Summa in das Manual, die Summen der Beläufe in das Journal (belaufsweise und Jagenweise) mit dem Material, nicht mit dem Geld einge=tragen wird. Die Verkaufslisten werden monatlich abgeschlossen; die Ver=steigerungs=Protokolle nach jedem Termin. Bei jedem verkauften Bau= und Brennholz=Quantum wird in der Abzählungs=Tabelle die Nummer durchstrichen (gelöscht) und der Name des Käufers beigeschrieben oder das Datum des Versteigerungs=Protokolls resp. der Verkaufsliste. Da nach § 6 mit dem Zu=schlage das Holz in das Eigenthum des Käufers übergeht, so ist von Seiten des Försters weder eine Ueberweisung noch ein Anschlag mit dem Hammer erforderlich.

Die Taxe für Bau= und Brennholz wird in der Art berechnet, daß an=gefangene Silbergroschen voll genommen werden, z. B. 53 C' Bauholz à 4 Sgr. 6 Pf. = 7 Thlr. 28 Sgr. 6 Pf. rund 7 Thlr. 29 Sgr., Rindschäliges und sonstiges fehlerhafte Bauholz wird mit 75% der vollen Taxe berechnet und mit diesem Betrag in die Rubrik Taxwerth für die Maaße=Einheit und Taxwerth im Ganzen einzutragen.

Zusammenstellung

der

Ergebnisse der Meistgebote in dem vorstehenden Versteigerungs-Protokoll
vom 6. November 1866.

Laufende Nr.	Bezeichnung der verkauften Hölzer	Verkauft sind			Das Meistgebot beträgt		Bemerkungen.
		Kbfß.	Klftr.	Schock	Thlr.	Sgr.	
1.	Kiefern-Bauholz ¹/₂₀ C'	35	.	.	4	.	
2.	" " ³¹/₄₀ "	36	.	.	4	6	
3.	" " ⁵¹/₆₀ "	53	.	.	8	.	
4.	" Blöcke	25	.	.	4	10	
5.	" Kloben	.	20	.	87	.	
6.	" Stubben	.	6	.	8	5	
	Summa	149	20 Kloben 6 Stubben		115	21	

Auf Grund dieser Zusammenstellungen der Versteigerungs-Protokolle wird
die Holz-Taxe für das folgende Wirthschafts-Jahr festgesetzt, z. B. die Zusammenstellungen vom 1. April 1866 bis den 31. März 1867 geben die Taxsätze
pro 1868. Kleine Abänderungen von den Licitations-Durchschnittspreisen bei
Festsetzung der Holztaxsätze sind oft geboten.

Ueber das verkaufte Holz wird ein Holzabfolge-Zettel von Nr. 1, durch
alle Versteigerungen, freihändigen Verkäufe, alle Beläufe, alle Holzarten und
Sortimente durch das Wirthschaftsjahr fortlaufend ausgestellt nach folgendem
Schema:

Holzabfolge-Zettel №

Wirthschafts-Jahr   Forstbelauf

Forst-Revier   Jagen

Gegen Aushändigung dieser Anweisung ist an Müller aus Grünwald nachbezeichnetes Holz verkauft.

No. des Holzes.	Bezeichnung der Holzart u. des Sortiments.	Geldbetrag Thlr. Sgr. Pf.

Summa   Thlr.   Sgr.   Pf.

Grünwald, den 6. November 1866.

Der Oberförster   Der Rendant

N.   M.

Auf der Rückseite mancher Zettel sind noch die wesentlichsten Bedingungen des Versteigerungs-Protokolls aufgenommen, z. B. § 8. 10. 11. 12. Dies ist aber nicht dringend erforderlich und kann ebenso unterbleiben wie das Verfahren, wo am Zettel ein besonderes Quittungs-Formular ist, welches der Förster dem Käufer, nachdem es vom Zettel abgeschnitten ist, aushändigt. — Der Rendant behält die Zettel bis sie bezahlt sind. Auf jeden Zettel kann in einem Termin an einen Käufer und aus einem Belauf, jedoch mehren Jagen, soviel Bau- und Brennholz aufgenommen werden, als Platz findet.

In ähnlicher Weise werden die Zettel über Nebennutzungen abzufassen sein. Statt Holzabfolgezettel heißt es: Nebennutzungs-Abfolgezettel. — Nummer und Bezeichnung der Nebennutzung. Am Ende des Wirthschaftsjahres reicht der Förster dem Oberförster alle Holz- und Nebennutzungs-Zettel geordnet nach den Verkaufsterminen geheftet ein und fügt die gehefteten Bau- und Brennholz-Abzählungs-Tabellen bei, nachdem letztere Jagen- und Belaufsweise abgeschlossen und unterschrieben sind. In den Abzählungs-Tabellen des Försters kommt neben dem Namen des Käufers die Nummer des Holzabfolgezettels zu stehen.

Kassenwesen.

Die Praxis hat zur Genüge dargethan, daß Verwaltung des Materials und Geldes getrennt werden müssen. Unordnungen, Veruntreuungen werden dadurch verhindert und der Forstbeamte dem alleinigen Schauplatz seines Wirkens, dem Walde überwiesen. Selbst in kleinen Privatforsten wird der Wirthschafts= oder Rentbeamte die Vereinnahmung und Verausgabung des Geldes zu be= sorgen haben und ihm auch die calculatorische Prüfung der Forst=Rechnungen und Bücher am Quartal= und Jahresschluß aufzugeben sein. Es wird dadurch keine Abhängigkeit des Forst= vom Wirthschaftsbeamten geschaffen, welcher dem= selben vielmehr coordinirt ist; aber der Forstbeamte wird einer lästigen und verantwortlichen Arbeit überhoben. — Nur auf quittirte Kassenzettel erfolgt die Ausfolgung des Holz= und Nebennutzungs=Materials durch den Forstbeamten an den Käufer und selbst zur freien Abgabe von Holz oder Nebennutzungen muß der Forstbeamte mit einem Abfolgezettel des Waldbesitzers oder Kassen= beamten versehen werden.

Der Bedarf der Kassen=Bücher wird nach dem Umfange des Waldes ver= schieden sein. Ein Journal für Einnahme und Ausgabe quartaliter und am Jahresschluß abzuschließen und ein nach den Titeln des Geld=Etats zu führen= des Manual werden in den meisten Fällen genügen.

Soll=Einnahme=Buch.

Der Oberförster führt in größeren Forsten ein quartaliter und am Jahres= schluß abzuschließendes Soll=Einnahmebuch, welches in nachstehende Capitel zerfällt und mit den Kassenbüchern stimmen muß.

1. Ordnungs=Nummer,
2. Tag der Ueberweisung (Monat, Datum),
3. Bezeichnung der Einnahmen,
4. Fälligkeits=Termin,
5. Einnahme aus den Vorjahren,
6. Kap. I. Für Nutz= und Brennholz (Holzgeld incl. Nebenkosten),
7. = II. Nebennutzungen,
8. = III. Von der Jagd,
9. = IV. An Forststrafen,
10. = V. Insgemein,
11. Summe,
12. Zu anderen Fonds,
13. Bemerkungen.

Etat.

Natural-Etat.

Der Forst-Natural-Etat für 6 Jahre gültig enthält am Eingang den Flächen-Inhalt des Reviers, die Natural-Einnahme an Holz und nach den Titeln des Holz-Manuals resp. der gleichlautenden Natural-Rechnung geordnet, das Material, welches jährlich verausgabt werden soll.

Geld-Etat.

Der Geld-Etat, ebenfalls für 6 Jahr gültig, auf dem Titel den bei der Geld-Erhebung dem Rendanten zustehenden Prozentsatz (z. B. 1½%) und seine Caution und innerhalb

Einnahme.

Tit.   I. Geldbetrag für Holz und Verlust gegen den Taxwerth.
  =   II. Forst-Nebennutzungen,
      Abtheil. 1. für Waldfrüchte und Obstnutzungen,
          B. durch Verpachtung oder Administration.
        =   2. für Haidemiethe,
          B. durch Verpachtung oder Administration.
        =   3. für Forstgrundstücke,
          B. durch Verpachtung oder Administration.
            a) für die Dienstländereien der Forstbeamten.
            b) für andere Forstgrundstücke.
        =   5. für Waldweide,
          B. durch Verpachtung oder Administration.
  = III. Jagdnutzung.
      1. Zeitpachtgelder,
      2. durch Administration.
  =   V. Insgemein.

Ausgabe.

Tit.   I. Gehälter,
      Hebegebühren.
  = IV. Holzhauer- und Rückerlöhne.
  = VI. Zu Forstbauten. (Mieths-Entschädigung).
  = VII. Zu Forst-Einrichtungen und Verbesserungen. (Forst-Culturen).
  = XI. Insgemein. (Holzverkaufskosten, Botenlöhne, Entschädigung für
      Beförderung der Dienst-Correspondenz).
      Balance. Ueberschuß.

Die Resultate der Schätzung gelangen jährlich in dem Hauungs- und

Culturplan zum Ausdruck. Dieselben sind in dem, dem Taxationswerke bei-
gegebenen, Hauungs- und Culturplan für das erste Decennium dargestellt.
Nach den früheren Ansichten mußte man sich strenge an diese Bestimmungen
halten; da aber locale Verhältnisse eine Abänderung erheischen können, so ist
man jetzt zur milderen und besseren Praxis übergegangen, dem Verwalter freie
Hand zu lassen in der Wahl aller der I. Periode zu Hieb und Cultur über-
wiesenen Bestände, er kann daher Bestände, sowohl des ersten als zweiten
Decenii der I. Periode auf den jährlichen Hauungs- und Culturplan übernehmen. In unserem Grünwalder Beispielsforst haben wir abweichend von der
gewöhnlich befolgten Regel den Hauungs- und Culturplan für die ganze erste
Periode aufgestellt.

Hauungs-Plan.

Der Eingang zum Hauungsplan weist nach, was nach Vergleich des Ist-
Hiebes, von dem Jahre ab wo das Schätzungswerk in Kraft trat, mit dem durch
die Schätzung vorgeschriebenen Soll-Hiebe unter Anrechnung eventueller Mehr-
oder Minderhiebe und der Mehr- oder Minder-Erträge der zum Endhieb ge-
gelangten Abtheilungen als zuläßiger Abnutzungssatz für das laufende Jahr
anzunehmen ist. Von diesem Quantum wird noch etwas gekürzt, um im Falle
durch unvorhergesehene Fälle wie Wind, Feuer, Insecten, Mehrbedarf, ein aus-
gedehnterer Hieb erforderlich werden sollte, eine Reserve zu haben. — Zur
Veranschaulichung ist das nachfolgende Beispiel unerläßlich.

Hauungs-Plan

für

den Rittergutsforst Grünwald

auf das Wirthschaftsjahr 1867.

Ordnungs-Nummer	Eingang des Hauungs-Planes.	Holzabnutzung nach Kubikfuß.							Bemerkungen.
		Eichen	Buchen, Rüstern, Ahorn, Eschen	Birken	Erlen	Espen, Weiden ꝛc.	Kiefern	Ueber-haupt	
1	Der Abnutzungssatz der Schätzung beträgt vom Jahre 1861 ab	·	·	·	·	·	282,157	282,157	
2	Das jährliche etatsmäßige Abnutzungssoll pro 1863/6 beträgt	·	·	·	·	·	282,157	282,157	
3	Nach den Natural-Rechnungen sind abge-nutzt .... 1861 (Derbholz)	·	·	·	·	·	270,000	270,000	
	1862	·	·	·	·	·	283,000	283,000	
	1863	·	·	·	·	·	301,000	301,000	
	1864	·	·	·	·	·	296,000	296,000	
	1865	·	·	·	·	·	299,000	299,000	
	Summa in 5 Jahren	·	·	·	·	·	1,449,000	1,449,000	
4	Der Abnutzungssoll der Schätzung be-trägt für 5 Jahren (282,157 × 5) ...	·	·	·	·	·	1,410,785	1,410,785	
	Mehreinschlag	·	·	·	·	·	·	·	
5	Mithin gegen den Abnutzungssatz Mindereinschlag	·	·	·	·	·	38,215	38,215	
6	Nach dem Abschlusse A¹ des Controll-buches ist aus den Jahren 1861/5 in Anrechnung zu bringen Minderertrag	·	·	·	·	·	5,000	5,000	
	Bleibt Mindereinschlag	·	·	·	·	·	33,215	33,215	
7	Es ist also vorhanden ein Vorgriff von	·	·	·	·	·	·	·	
	„ „ „ „ „ Vorrath „	·	·	·	·	·	33,215	33,215	
8	Der zulässige Abnutzungssoll pro 1867 ist also (282,157 + 33,215)	·	·	·	·	·	315,372	315,372	
9	Es sollen pro 1867 gehauen werden....	·	·	·	·	·	300,000	300,000	

Es kann befremden, daß in dem Hauungsplan pro 1867 nicht auch der Ertrag pro 1866 balancirt ist. Der Grund dafür liegt darin, daß zur Zeit, wo der Hauungsplan pro 1867 aufgestellt sein muß, d. h. am 1/6. 1866, das Controlbuch pro 1866 noch nicht aufgestellt ist, also der rechnungsmäßige Ertrag in dem Eingang zum Hauungsplan noch nicht auf-genommen sein kann. Nach den neuesten Controlbuch-Vorschriften stimmen indeß Isthieb an Derbholz der Natural-Rechnung und Controlbuch C genau (pag. 86); es könnte daher, da die Rechnung bereits am 1. Februar gelegt ist, auch Abnutz 1866 im Eingang auf-geführt werden.

Formular zum Hauungs-Plan.

Ordnungs=Nummer.	Benennung des Schlages (Haudistricts) (Haujagens) und der Unter-försterei	Block. No.	Jagen. No.	Schlag. No.	Abtheilung. Litt.	Größe der abzu-treibenden Fläche. Morgen.	Beschreibung — der Lage und des Bodens.	Beschreibung — des Bestandes nach Alter und Beschaffenheit gegenwärtiger und künftiger Betriebsweise.	Beschreibung — der vorzunehmenden Hauung.	Holzgattung.	an Bau= und Nutzholz nach Klaftern zu 80 C'	Borke Klafter zu 60 C'	Scheite Klafter zu 75 C'	Knüppel Klafter zu 60 C'	Stuben Klafter zu 40 C'	Reiser Klafter zu 40 C'	Summa der Cubikfuße.	Vorläufige Disposition ob dieser Ertrag a) zu Deputat= oder Berechtigungsholz b) zum Verkauf bestimmt wird c) ob das Holz gerückt und was in diesem Fall für die Klftr. Kloben d) für die Klftr. Knüppel an Rückerlohn gezahlt werden soll.	Angabe der zu rückenden Derbhölzer. Klftr.	Revisions=
											reine Holz-Masse oder die Klafter 108 C' Raum.									

Vergleichende Nachweisung der Abweichungen vom Hauungsplan

am 1. Dezember l. J. zur Prüfung einzureichen und unter Belag 2 zur Natural=Rechnung zu nehmen.

Ordnungs=Nummer.		Eichen.	Buchen.	Birken.	Erlen.	Kiefern.	Summa Derbholz.	Stock=holz.	Reiser=holz.	Summa Stock= und Reiserholz.	Bemerkungen.
		Cubikfuß.						Cubikfuß.			

1. Nach dem Hauungsplan sollen geschlagen werden . . . .

2. Es sind wirklich geschlagen . .

Folglich gegen den } mehr . . . .
Hauungsplan } weniger . .

Man führt im Hauplan die Beläufe und Jagen der Reihenfolge nach auf und trennt alle Abtheilungen, welche durch Alter, Holz- und Betriebs-Art verschieden, im Taxationswerk getrennt aufgeführt werden, da die Erträge des letzteren mit den Ist-Erträgen des Hauungsplanes balancirt werden müssen. Das in jedem Belauf einzuschlagende trockene Holz aller Jagen wird aber auf einer Linie aufgenommen. Am Schluß folgt eine Zusammenstellung der jährlichen Abtriebs- und Durchforstungs-Flächen nach dem Taxationswerk und nach dem Hauungsplan. Das Stubben- und Reiserholz aller Abtriebschläge des Hauplans setzt man am Schluße des Hauungsplanes auf einer Linie summarisch hinzu.

Culturplan.

Der Culturplan pro 1868 umfaßt die Herbst-Culturen 1867 und Frühjahrs-Culturen 1868.

Wo noch die Waldweide als Servitut besteht, fügt man am Eingang des Culturplans eine Uebersicht der Weidebezirke und die Flächen-Angaben hinzu, welche darthun, daß die Berechtigten die zuständige Weide erhalten. Der Plan enthält rechts zugleich die Rechnung und zerfällt in nachstehende Kapitel:

Kap.   I. Nachbesserung älterer Culturen und natürlicher Schonungen.

        a) durch Saat,

        b) durch Pflanzung.

=   II. Neue Culturen

        a) durch Saat,

        b) durch Pflanzung.

=   III. Saat- und Pflanzkämpe.

=   IV. Sämereien und Pflanzen.

=   V. Bewährungen und Verhegungen.

=   VI. Holzabfuhrwege und Brücken.

=   VII. Abzugsgräben und Kanäle.

=   VIII. Culturgeräthe.

=   IX. Insgemein.

und nachstehenden Kopf und muß wie der Hauungsplan vom 1. Juni jeden Jahres ab zur Prüfung bereit sein.

Auf dem Titelblatt des Culturplanes.

Uebersicht der Weide=Bezirke.

Der Weide=Bezirke.		Davon bleiben und kommen in Schonung.					Von den Weideberech=tigten oder zur Verpach=tung sind dann zu benutzen.	Culturbedürf=tige Blößen oder Räum=den sind noch
Namen.	Flächen=Inhalt.	zu Anfang der Cultur 186	werden freigegeben 186	bleiben Schonung.	Es treten neu hinzu.	überhaupt zu Ende der Cultur 186		
	Mrg. | QR.	Mrg. | QR.	Mrg. | QR.	Mrg. | QR.	Mrg. | QR.	Mrg. | QR.	Morg. | QR.	Morgen. | Q.=R.

Formular des Culturplanes.

		Es soll ausgeführt werden.					Es ist ausgeführt worden.				
Ordnungs=Nummer.	Schutz=District.	Größe der zu culti=virenden Fläche.	Beschreibung der Gegenstände, welche culti=virt werden sollen.	Specielle Angabe der vorzunehmen=den Culturen und Verbesse=rungen.	Veranschlagter Kostenbetrag.	Größe der culti=virten Fläche.	Specielle Be=schreibung der ausgeführten Cul=turen und Ver=besserungen.	Betrag der wirk=lichen Kosten.	Gegen den An=schlag.	Nummer der Be=läge.
	Block. | Jagen. | Schlag. | Abtheilung.				im Einzel=nen. | in Sum=ma.			im Einzel=nen | in Sum=ma	mehr | weniger	
	Nr. | Nr. | Nr. | Litt.	Mrg. | QR.				Mrg. | QR.		Thl. Sgr. Pfg. | Thl. Sgr. Pfg.	Thl. Sgr. Pfg. | Thl. Sgr. Pfg.	

Zur Justification etwaiger Abweichungen der Rechnung vom Plan wird unter nachstehendem Schema jede Abweichung vom Plan aufgenommen und kurz motivirt, und die Nachweisung der Cultur=Rechnung beigefügt, welcher außerdem eine Nachweisung der verbrauchten Samen und Pflanzen, das Keim=proben=Attest und Abschrift des Strafarbeits=Contobuches beizulegen ist.

Nachweisung der Abweichungen vom Culturplan.

Des Kultur=An=schlages Ordn.= №	Nach dem genehmigten Cultur=Anschlage waren be=willigt			Es sind dagegen verausgabt			Folglich						Ursachen der Abweichung.
							mehr			weniger			
	Thlr.	Sgr.	Pf.	Thlr.	Sgr.	Pf.	Thlr.	Sgr.	Pf.	Thlr.	Sgr.	Pf.	

Control=Buch.

(Alle Eintragungen sind bis zum 1. August zu bewirken.)

Um die Resultate des Hiebes mit denen der Schätzung zu vergleichen und den Einschlag danach entsprechend zu reguliren, wird das Controlbuch in vier besonderen, nicht zusammenzuheftenden, sondern in einer Mappe lose zu ver=einigenden Heften A, A¹, B, C geführt. Nach Legung der Natural=Rechnung für das verflossene Jahr erfolgt die Eintragung genau nach den Abzählungs=Tabellen zuerst in Abschnitt B mit den Abtheilungen Hoch=, Mittel= und Nieder=wald hinter einander, und zwar für den Hochwald ohne Rücksicht auf Beläufe nach der Nummerfolge der Jagen, für den Mittel= und Niederwald nach der Nummerfolge der Blöcke und Schläge. Das Bau= und Nutzholz wird auf Klaftern à 80 C' reducirt mit den Brüchen ohne Beschreibung des Nenners eingetragen z. B. 4659 C' Kiefern Bauholz $= \dfrac{4659}{80} = 58{,}_{19}$ Klaftern.

Der Ertrag jeder Abtheilung wird auf einer Linie summarisch eingetragen und am Eingang von Abschnitt B. der durch die Schätzung festgestellte Ab=nutzungssatz vermerkt. — Die Schlußsumma von B. muß genau mit der End=summa der Natural=Rechnung stimmen. Die Rubrik für Cubikfuß ist nur am Schluß von B. auszufüllen. Die Derbholz=Sortimentsklaftern (Bau= und Nutz=holz, Kloben, Knüppel), werden in der Summa in der Art reducirt, daß ein Bruch von ½ und mehr gleich 1, einer unter ½ = 0 gerechnet wird. Diese reducirten Zahlen werden in Abschnitt A und in den speciellen Theil des Taxa=

tions-Notizbuches hinter die Jagen-Coupons übernommen. Ist eine Abtheilung zu Ende gehauen (ein Endhieb erfolgt), dann wird die Summa des Ertrages gezogen, und demselben der Ertrag der etwa übergehaltenen Samenbäume (Waldrechter) zugesetzt. Unter diese Summa wird die im Abschätzungswerk ausgeworfene Masse gesetzt und diese mit dem Ist-Ertrage nach Mehr oder Minder balancirt. Diese Balance wird nach Abschnitt A¹ übertragen.

Bei dem Mittelwald wird das übergehaltene Oberholz mit seinem Ertrage durch Vergleich des Ist- und Soll-Ueberhalts balancirt, aber nicht nach A¹ übernommen. Bei Endhieben von Abtheilungen, welche eigentlich für eine spätere Periode bestimmt, doch in der I. Periode gehauen wurden, ist eine Balance der Mehr- oder Minder-Erträge nicht zu führen, ebenso wenig bei Durch= forstungen und Aushieb von Trockniß. Die Anrechnung dieser Erträge erfolgt bei der Taxations-Revision.

Die Mehr- oder Mindererträge von A¹ werden alle 5 Jahre abgeschlossen und nach Abschnitt C. übertragen. Dieser ist in Forsten, welche Hoch= und Mittelwald haben, in 3 Abtheilungen zu führen, und zwar

    1. für den Hochwald,

    2. für den Mittelwald,

    3. für Hoch= und Mittelwald zusammen.

Abschnitt C ist nur nach Cubikfußen zu führen und die Spalte der Massen= klaftern nur für die Mehr- oder Minder-Erträge zu benutzen. In C sind etwa angeordnete Einsparungen zu berücksichtigen. Ein Beispiel für die Einrichtung der 4 Abschnitte wird das Verfahren am besten zeigen.

Abschnitt B.

Zeit der Benutzung und Hauungsart.	Block.	Jagen oder District.	Schlag.	Abtheilung.	Eichenholz.								Buchenholz, Rüstern, Ahorn, Eschen, Birken, wildes Obst.						
Es ist					Derbholz.				Zusammen		Stockholz.	Reisholz.	Derbholz.			Zusammen		Stockholz.	
					Nutzholz.	Kloben.	Knüppel.	Borke.	Klftr.	Cubikfuß.			Nutzholz.	Kloben.	Knüppel.	Klftr.	Cubikfuß.		
					Klafter						Klafter		Klafter					Klafter	
					à 80 C'	à 75C'	à 60C'	à			à 42C'	à 20C'	à 80C'	à 75C'	à 60C'			à 42C'	à 20C'
Der Abnutzungssatz vom Wirthschaftsjahre 1861 ab beträgt	.	.	.	.	.	.	.	.	.	.	.	.	.	.	.	.	.	.	.
I. Hochwald																			
2. Mittelwald																			
3. Im Ganzen	.	.	.	.	.	.	.	.	.	.	.	.	.	.	.	.	.	.	.
Im Jahre 1861																			
1. Hochwald																			
Kahler Abtrieb	1	1	.	a.	1,44	2	2	.	6	.	.	.	.	.	.	.	.	.	.
"	.	.	.	b.	.	.	.	.	.	.	.	.	.	.	.	.	.	.	.
Abtrieb und Endhieb	.	24	.	Ua.	.	.	.	.	.	.	.	.	.	.	.	.	.	.	.
									ꝛc.							ꝛc.			
Summa 1.	.	.	.	.	1,44	2	2	.	6	.	.	.	.	.	.	.	.	.	.
2. Mittel- u. Niederwald																			
Summa 2.																			
3. Summa von 1. u. 2. im Ganzen					1,44	2	2	.	.	.	.	.	.	.	.	.	.	.	.
Einschlag 1861																			

erfolgt.

Weichholz, Erlen, Linden, Aspen, Weiden. — Derbholz: Nutzholz à C'	Kloben à 75 C'	Knüppel à 60 C'	Zusammen Klftr.	Zusammen Cubikfuß	Stockholz à 42 C'	Reißholz à 20 C'	Nadelholz — Derbholz: Nutzholz à 80 C'	Kloben à 75 C'	Knüppel à 60 C'	Borke à	Zusammen Klftr.	Zusammen Cubikfuß	Stockholz à 40 C'	Reißholz à 20 C'	in Summa Derbholz Klafter	in Summa Derbholz Cubikfuß	Schlagholz — Derbholz: Nutzholz à 80 C'	Kloben à 75 C'	Knüppel à 60 C'	Zusammen Klftr.	Zusammen Cubikfuß	Stockholz à 42 C'	Reißholz à 20 C'
.	.	.	.	.	.	.	1580	1613	580	.	.	282,175	500	600	.	282,175							
.	.	.	.	.	.	.	1580	1613	580	.	.	282,175	.	.	.	282,175							
.	1	.	2	.	.	.	2,60	3	2	.	8	.	3	3¼	16	.							
24	.	.	.	.	.	.	.	.	.	.	.	.	.	½	.	.							
.	.	.	.	.	.	.	323,40	190¾	37¼	.	552	.	149	73½	552	.							
24	1	.	2	.	.	.	326,20	793¾	39¼	.	560	.	152	77¼	.	270,605							
24	1	.	2	.	.	.	326,20	793¾	39¼	.	560	.	152	77¼	.	270,605							

Abſchnitt A.

Jagen 24.

Es iſt erfolgt im Block I.   Diſtrikt   Schlag   Abtheilung Aa.

Bemerk.: Jedes Jagen hat ſein beſonderes Folium.

Zeit der Benutzung und Hauungsart.	Eichen= holz	Buchen= holz ꝛc.	Weich= holz	Nadel= holz	in Summa	Schlagholz	
						Derbholz Klafter	Reisholz Klafter à 70 Cbffß.
1861. Abtrieb u. Endhieb	.	.	.	552	552	552	
Hierzu die übergehaltenen Stämme	.	.	.	19	19	19	
Summa des ganzen Er= trages	.	.	.	571	571	571	
Nach der Schätzung sollte erfolgen	.	.	.	602	602	602	
Mithin ist gegen die Schätzung erfolgt weniger	.	.	.	.	31	31	nach A¹ übertragen.

Unterabſchnitt A¹.

Block.	Jagen oder Diſtrikt.	Abtheilung.	Jahr in welchem der Endhieb geführt iſt	Nach der Schätzung sollen erfolgen					Nach dem Abschluß in Abschn. A. ist wirklich erfolgt					Mithin ist gegen die Schätzung erfolgt überhaupt	
				Eichen= holz	Buchen= holz	Weich= holz	Nadel= holz	Ueber= haupt	Eichen= holz	Buchen= holz	Weich= holz	Nadel= holz	Ueber= haupt	mehr	weniger
				Derbholz=Massenklftr. à 70 C‘					Derbholz=Massenklftr. à 70 C‘					Derbholz=Massenklftr. à 70 Cbffß.	
I	24	Aa	1861	.	.	.	602	602	.	.	.	571	571		31
I	33	Aa	1865	.	.	.	797	797	.	.	.	918	918	121	.
						ꝛc.					ꝛc.				
Summa			1861/5	.	.	.	8575	8575	46	.	.	8455	8501	281	355
Nach der Schätzung sollte erfolgen				.	.	.	8575	8575						.	.
Mithin ist im Ganzen Mehrertrag									46	.	.	.	.	.	.
Mithin ist im Ganzen Minderertrag									.	.	.	120	74	.	74

Abgeſchloſſen den 1. 4. 1866 und übertragen nach C. pro 1866.

Der Oberförſter

N.

Abschnitt C.

	Eichenholz		Buchenholz 2c. 2c.		Weichholz		Nadelholz		Ueberhaupt Derbholz	
	Derbholz									
	Cubik-fuß	Massen-klafter à 70 C'	Cubik-fuß	Massen-klafter à 70 C'	Cubik-fuß	Massen-klafter à 70 C'	Cubik-fuß	Massen-klafter à 70 C'	Cubik-fuß	Massen-klafter à 70 C'
1. Hochwald.										
Jahr 1866.										
1. Der Abnutzungssatz beträgt	.	.	.	.	.	.	282,175	.	282,157	.
2. Dem vorjähr. Abschn. C. gemäß können in diesem Jahre geschlagen werden	.	.	.	.	.	.	302,405	.	302,405	.
3. Nach dem Abschlusse des Controlbuchs A¹ ist aber aus den Jahren 1861/5 in Anrechnung zu bringen										
Mehrertrag	3220	46	.	.	.	.	.	.	.	.
Minderertrag	.	.	.	.	.	.	8,400	120	5,180	74
4. Mithin können geschlagen werden	3220	.	.	.	.	.	294,005	.	297,225	.
5. Es sind 1866 geschlagen worden	.	.	.	.	.	.	280,766	.	280,766	.
6. Es ist mithin										
Mehreinschlag	.	.	.	.	.	.	.	.	.	.
Mindereinschlag	3220	.	.	.	.	.	13,239	.	16,459	.

Bemerkung: Pro 1867 würden beispielsweise geschlagen werden können der Abnutzungssatz 282,175 und der Mindereinschlag 16,459

Summa 1867 298,634

Taxations-Notizbuch.

(Alle Eintragungen sind bis zum 1. August zu bewirken.)

Das Taxations-Notizbuch zerfällt in den allgemeinen und speciellen Theil, ersterer in chronologischer Folge nach Materien geordnet jährlich alle bemerkenswerthen Veränderungen, Erscheinungen und Ereignisse, letzterer die speciellen Vorgänge in Hieb und Cultur der einzelnen Jagen aufnehmend.

a) allgemeiner Theil.

Das Taxations-Notizbuch ist eine fortlaufende Chronik des Reviers und zerfällt in seinem allgemeinen Theil in nachstehende Abschnitte, wobei jedem derselben eine ausreichende Anzahl Blätter zu überweisen sind.

1. Abschnitt.
Vermessung und Abschätzung.

I. Grenzen.

(Grenzrevisionen, nebst Datum der Verhandlungen; Verbesserung der Grenzmale durch Aufrichtung von Grenzzeichen, Gräbenziehung, etwaige Grenzstreitigkeiten und deren Erledigung.)

II. Vermessung.

(Etwaige Fehler des Vermessungswerkes, neue ganze oder theilweise Vermessung des Reviers.)

III. Betriebs-Regulirung.

a) Eintheilung,

b) Betriebsart, Umtrieb, Wahl der Holzart,

c) Periodische Vertheilung der Bestandsflächen.

IV. Ertragsberechnung.

a) Abnutzungssatz.

(Angabe des jetzt gültigen Abnutzungssatzes, Anordnungen über Einsparungen oder Mehrhiebe, summarische Angabe des jährlichen Gesammteinschlages.

b) Ertrags-Verhältnisse.

(Untersuchungen und Beobachtungen über Massen-Ertrag, Zuwachs, Versuche des Preßler'schen Zuwachsbohrers, Formzahl, Richthöhe, Alter der Bestände.

2. Abschnitt.
Betrieb der Hauungen und Culturen.

I. Hauungen.

(Verfahren bei dem Hiebe, Samenschläge, Durchforstungen, Erfolg der Maaßnahmen.

II. Culturen.

a) Gedeihen der Holzsämereien.

(Ob in Buchen und Eichen volle, halbe oder Sprangmast eingetreten ist; welche Zapfenmenge und mit welcher Ausbeute gewonnen sind.

b) Samenpreise und Aufbewahrung der Sämereien.

(Bemerkung über Erhaltung der Keimfähigkeit und über die Preise des Samens.

c) Ausführung und Gedeihen der Culturen.

(Ursache des Gerathens oder Mißrathen der Culturen, Bemerkungen über das zweckmäßigste Culturverfahren und Cultur = Instrumente, Kosten der Culturen, Läuterungshiebe, Art und Erfolg des Anbaus von Bodenschutzholz.

d) Angaben der Kosten.

1. für den eigentlichen Holzanbau,

2. die übrigen Forstverbesserungs=Arbeiten.

e) Bemerkungen über Entwässerungen und deren Folgen, über Bau und Unterhaltung von Holzabfuhr, Communicationswegen und Forst=Chausséen und Angabe der jedes Jahr

1. aus dem Culturfonds,

2. dem Forstwegebaufonds

verwendeten Geldmittel und, wo sie Statt finden, der Einnahme von Chausseegeld.

III. Forstarbeiter=Verhältnisse.

(Bemerkungen über Heranbildung von Holzhauern und Culturarbeitern, über die hierfür getroffenen Maßregeln und Erfolge, über Arbeiter=Mangel und Abhülfe, Abänderung der Lohnsätze rc.

3. Abschnitt.
Forstschutz.

I. Schaden durch Menschen.

1. Menge der Holz= und Harz=,

2. der Waldproducten= und Raff= und Leseholz=Diebstähle,

3. der Forstpolizei Uebertretungen,

4. der Criminalfälle, Zahl der Auctionstage sowie Balance gegen das Vorjahr, auch wohl Werth der gestohlenen Gegenstände ad 1. 2.

II. Schaden durch Thiere (Wild, Mäuse, Insecten rc.)

III. Witterung.

(Wärme und Kälte, Frostschaden und Dürre unter Hinweisung auf die oben bei den Culturen gemachten Bemerkungen. Windrichtung und Wind=bruch, Regen, Schnee, Schneebruch, Duftbruch, Ueberschwemmung.

IV. Waldbrände.

4. Abschnitt.
Rechtliche Verhältnisse.

I. Servituten.

(Angabe der eingetretenen Ablösungen, Rezesse, der gewährten Abfindungs=flächen, Kapitalien, Renten oder sonstigen Entschädigungen, Veränderungen in den Servitut-Verhältnissen durch ergangene Erkenntnisse, Einschränkung in der Ausübung.

II. Activberechtigungen der Forsten.

III. Sonstige rechtliche Verhältnisse.

(Kreis und Gemeinde-Verhältnisse, Lasten und Abgaben, Jurisdictions und Polizei-Verhältnisse, Marken-Verhältnisse 2c.)

5. Abschnitt.
Sonstige bemerkenswerthe Gegenstände.

I. Absatz-Verhältnisse.

(Verbesserung des Absatzes und der Transportmittel, Nutzholz und Stock-holz-Ausnutzung in den Haupt-Holzarten nach Cubikfußen nebst Angabe wie viel Prozent des Derbholzes dieselbe beträgt, Aenderung der Holztaxen, Holz-, Kohlen- und Torf-Preise und wenn eine Holzflößerei verbunden ist, Nachrichten der Resultate der Bewegung im Flößereibetriebe.)

II. Nebennutzungen.

(Etwaige Aenderungen im Umfang, der Art und Weise der Verwerthung; und kurze Angabe der Veränderung in den Dienstländereien des Forstpersonals, der Umwandlung der Holzflächen in Acker und Wiesen und umgekehrt.

III. Jagd-Verhältnisse.

(Veränderungen in den Jagd-, Pacht- und Administrations-Verhältnissen.)

IV. Gesammt-Geldertrag des Reviers.

(Schlußzahlen der Kapitel der Geld-Rechnung in Einnahme, Ausgabe, Brutto- und Netto-Ertrag pro Morgen; Bemerkungen über Abänderungen im Forstkassenwesen.

V. Personals-Verhältnisse.

(Versetzung, Vermehrung oder Verminderung des Beamten-Personals, Bau neuer, Abbruch resp. Verlegung alter Forst-Dienst-Etablissements.)

b) specieller Theil.

Der specielle Theil des Taxations-Notizbuches besteht aus den in einem Band zusammengebundenen Jagen-Coupons der Specialkarte der Forst im 50er Maßstab, zwischen denen mehre Bogen weißes Papier zur Aufnahme der jähr-lichen Schlag- und Culturflächen und anderweiter Notizen wie Veränderungen im Areal durch Flächen Zu- und Abgang 2c. gebunden sind.

Nach Ablauf des Wirthschaftsjahres trägt der Oberförster mit blaßgrün punctirten Linien unter Einschreibung der Jahreszahl die Schlagfläche in das Jagen-Coupon; diese Linien werden dann bei einer Taxations-Revision stark ausgezogen, sofern sie dazu bestimmt werden, eine neue Abtheilung zu bilden. Auf die Anlage des Coupons wird für jede Bestands-Abtheilung des Jagens, Distrikts oder Schlages ein entsprechender Raum zur Aufnahme der jährlichen

Notizen des Schlages, nach Größe, Hiebsart, Material-Ertrag, der Culturart und Kosten derselben bestimmt. — Das Beispiel für das Jagen-Coupon und die Notizen über Hieb und Cultur folgen zur Verdeutlichung.

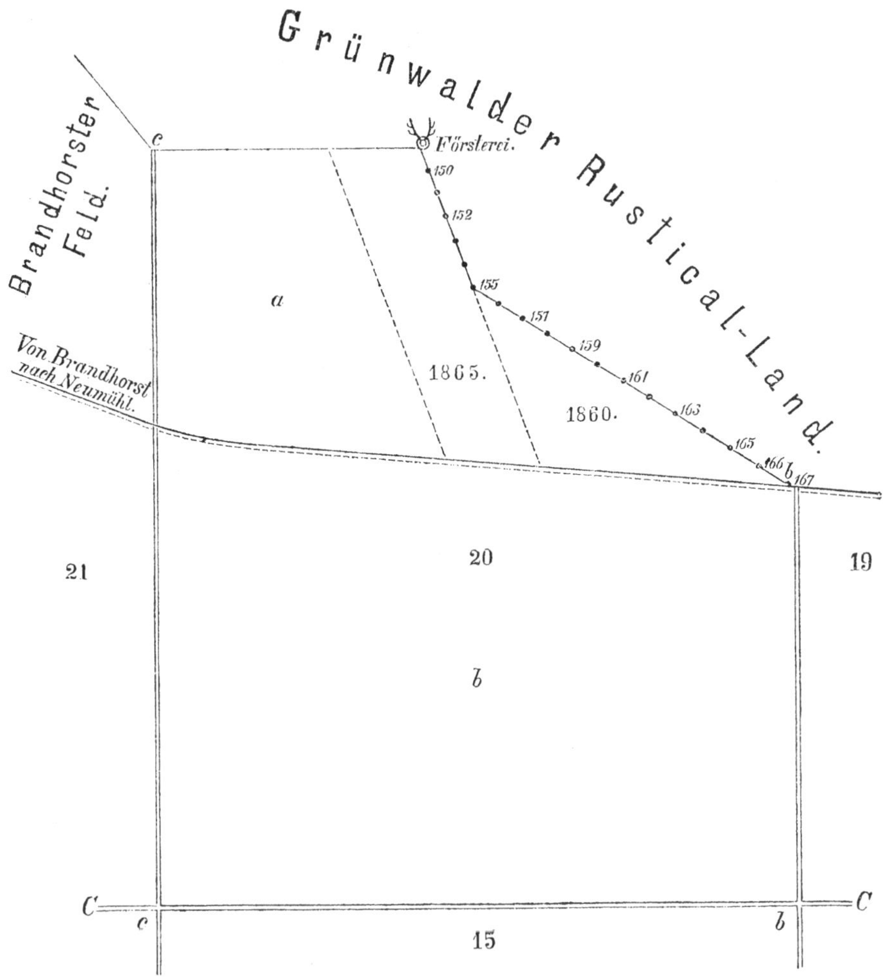

Jagen 20.

Jahr 1853, Abtheil. a. Am 1. Juli 1853 hat an den Hügeln 157, 158, 159 auf 1 Morg. Fläche ein unbedeutender und in seinen Folgen unschädlicher Waldbrand stattgefunden.

= 1854, Abtheil. a. An Stelle der sandigen Hügel Nr. 155 und 167 wurden Grenzsteine versenkt, wozu die Angrenzer A. und B. in Grünwald laut Protokolle v. 1/7. 1854 ihre Zustimmung erklärten.

Jagen 20.

| Abtheilung. | Flächen-Inhalt. | Hauungen | | | | Kulturen | | | | | | |
Littr.	Mrg.	Jahr der Hau-ung.	Art der Hauung.	Abge-triebene Fläche. Mrg.	Aufge-arbei-tete Holz-Masse. Klafter	Jahr der Kultur.	Pos. der Kultur-Rech-nung. No.	Art der Kultur.	Kulti-virte Fläche. Mrg.	Kosten-Betrag incl. Samen. Thlr.	Sgr.	Pf.
a	40	1860	Abtrieb	15	450	1861	4	Kiefernstreifensaat	10	25	.	.
"	"	1865	"	10	300	"	8	Pflanzung 1 jähr. Kiefern	5	15	.	.
						1866	10	Kiefernstreifensaat	9½	23	7	6
						"	15	Kiefernsaatkamp incl. Bewährung	½	9	25	.
b												

Forstbußwesen.

Pfandbuch. (Formular Q.)

Der Förster reicht am ersten jeden Monats das Pfandbuch dem Oberförster ein nach dem Kopf des Formulars Q, welches getrennt in 4 Abschnitten zu führen und mit entsprechendem Raum jährlich anzulegen ist.

1. Abschnitt: Entwendungen an aufgearbeitem Holze (dem Staats-Anwalt anzuzeigen.)
2. = Holz- und Harz-Diebstähle.
3. = Waldproducten-, Raff- und Leseholz-Diebstähle.
4. = Forst- und Jagd-Polizei Uebertretungen.

Straf-Manual A und B. (Formular R.)

Der Oberförster fertigt alle Monate aus den Pfandbüchern der Forstschutz-beamten Monatslisten für das zuständige Gericht in duplo für die Fälle aus Abschnitt 2 und 3, und trägt aus der alphabetisch geführten Controle A (Holz- und Harz-Diebstähle und Controle B (Waldproducten-, Raff- und Leseholz-Diebstähle) die Vorstrafen in beide Exemplare ein, wovon er das Duplicat nach dem Audienztage mit den von dem Forstgerichtsschreiber versehenen Urteilsspruch ausgefüllt zurückerhält, welches dann in das Jahres-Manual A und B zusammen-geheftet wird.

Contraventions-Manual. (Formular S.)

Die Forst- und Jagd-Polizei Uebertretungen des 4. Abschnitts werden eben-falls dem zuständigen Gericht mit Antrag auf Erlaß eines Mandats in ein-maliger Ausfertigung übersandt und ein Concept zu den Acten behalten, in welches die von dem Gericht mitgetheilte Notiz beigefügt wird, wann das Ur-theil die Rechtskraft beschritten hat.

Criminalfälle.

Die im 1. Abschn. erwähnten Entwendungen an aufgearbeitetem Holze und die Holz- und Harz-Diebstähle im dritten und ferneren Rückfalle werden dem Staats-Anwalt auf Formular R monatlich im Extract, jeder Fall auf einem be-sonderen Blatte übersandt und über diese Fälle eine besondere alphabetische Controle geführt. Um sicher zu sein, daß kein Fall im Pfandbuch übersehen wird, empfiehlt es sich, daß die Nummer des Manuals A und B, die Nummer der Criminal-Extracte und des Contraventions-Manuals in das Pfandbuch der Forstschutzbeamten eingetragen wird.

Forst-Strafarbeit.

Die zahlungsunfähigen Forstfrevler werden von dem Gericht der Forstverwaltung zur Forststrafarbeit überwiesen, welche entweder unter Aufsicht oder
lieber, und um den Förstern die Aufsicht ersparen und sie von anderen dringen-
deren Arbeiten nicht abzuhalten, im Accord erfolgt. Bei derselben haben sich
die Sträflinge selbst zu beköstigen, außer wenn sie zu den Ortsarmen gehören
und mit eigenem Werkzeuge zu arbeiten. Im Sommer in 8—10, im Winter
in 7—8 Arbeitsstunden, in erster Jahreszeit in drei einstündigen, in letzter in
zwei einstündigen Pausen können ihnen im Sand- oder sandigem Lehmboden
nachstehende Tages-Accordsätze aufgegeben werden:

1. Graben-Arbeit.

a) Graben 3' breit, 2½' tief, 2' Sohle = 75 C' = 3°
b) Grabenräumung 6' breit.   do.   do.   3°
c)   =   4'   =   do.   do.   4°
d)   =   3'   =   do.   do.   6°
e)   =   2'   =   do.   do,   8°

2. Umgraben des Bodens mit dem Spaten.

Auf 6—8" Tiefe bei geringer Narbe 8 □ Ruthen.

3. Graben von Pflanzlöchern.

1. 20—24 Zoll rund 18 Zoll tief   80 Stück,
2. 16—20 =   = 14 = = 100 =
3. 12—16 =   =   8 = = 150 =
4. 8—12 =   =   7 = = 200 =
5.   bis 8 =   =   4 = = 300 =

4. Grenz-Hügel.

1. Hügel zu 12" Durchmesser aufwerfen, dossiren u. mit Rasen belegen 4 Stück.
2. verfallene Grenzhügel in gleicher Art herstellen   6   =

5. Hack-Arbeit.

1. Die Bodendecke von 6 zu 6 Zoll, 4—6 Zoll tief im Licht- und
Besamungsschlage durchhacken   10 □ Rth.
2. Desgleichen in Streifen von 1½ Fuß bei 2—3 Fuß Entfernung,
wobei die abgehackte Decke umgekehrt auf den Zwischenraum zu
liegen kommt   50   =
3. Desgleichen platzweise in Plätzen 1 bis 2 Fuß breit und lang,
3 Fuß im Verband. Die Decke wie vor   70   =

6. Rode-Arbeit oder Abbuschen.

Roden ꝛc. von Wachholder, Ginster, verkrüppelten Holzpflanzen,
wobei das Buschwerk auf die bezeichneten Stellen gebracht werden muß 20 □ Rth.

7. Verbesserungs-Arbeiten.

a) Sand-Stellen mit Strauch belegen, Sand oder Erde überzuwerfen
und zu ebenen   2 Rth.

b) Desgleichen wenn tiefe Löcher dabei vorkommen   1½ =

8. Kiehnäpfelsammeln.

Bei gutem Samenjahr im Schlage von gefällten Stämmen nebst
Ablieferung auf dem nächsten Forsthause   1½ Schffl. gestrichen.

Strafarbeits-Conto. (Formular T.)

Der Oberförster führt jährlich vom 1. Oktober bis ult. September nächsten
Jahres ein Strafarbeits-Contobuch nach dem Schema, welches in Abschrift zu
der Cultur-Rechnung genommen wird und von dem Gericht, dem Oberförster
und Förster attestirt sein muß. — Die linke Seite mit dem Attest des Gerichts,
kommt zu den Belägen, die rechte Seite mit dem Attest des Oberförsters und
Försters zu der Cultur-Rechnung.

Die Strafarbeiter werden geraume Zeit, d. h. 8—10 Tage vor dem Arbeits-
tage durch die Magistrate oder Schulzen-Aemter unter Uebersendung der von
dem Gericht ausgestellten Paritionsbefehle bestellt und bei unentschuldigtem
Ausbleiben durch dieselben Behörden event. unter Vermittelung des Landraths
zwangsweise gestellt. Innerhalb 3 Monate werden die Sträflinge, welche nicht
gearbeitet haben, dem Gericht zur Haft mittelst einer Namensliste überwiesen.

Rechnungsbücher für kleinere Privatforsten.

In der vorstehenden Anleitung zur Buch-, Registratur- und Geschäftsführung, ist aller Apparat namhaft gemacht, welcher selbst den größten Privatforsten genügen wird. Je nach dem Umfang des Forstes, den Wünschen und
Verhältnissen des Waldbesitzers und der Beamten wird dieses oder jenes Rech-
nungs-Buch in Forsten von minderem Umfang fortfallen können; selbst in den
Forsten von geringstem Umfange und wenn überhaupt ordentlich Buch und
Rechnung geführt werden soll, aber noch immer erforderlich sein:

1. Die Bau- und Brennholz-Abzählungs-Tabelle,
in einmaliger Ausfertigung, wenn nur 1 Forstbeamter dem Walde vorsteht und
wenn nicht der Waldbesitzer, in vielen Fällen an die Stelle des Oberförsters
tretend, ein zweites Exemplar beansprucht. — Diese Tabellen können in kleinen
Forsten als Verkaufs-Protokoll benutzt werden.

2. Holz- und Nebennutzungs-Abfolgezettel,

3. Das Holz-Journal,

4. Hauungs= und
5. Cultur=Plan,
6. Pfandbuch,
7. Straf=Manual A. und B. und Contraventions=Manual.

Dienst=Instruction.

Die vorstehende Anleitung giebt vielfaches Material zu einer Dienst=In= struction für Privat=Oberförster und Förster. Bei Erlaß einer Instruction ist von dem Gedanken auszugehen, daß alle Eventualitäten des Dienstes nicht vorgesehen werden können. Das Verhältniß des Waldbesitzers zum Beamten beruht auf Vertrauen; Ersterer beruft zu einer Stellung nur technisch und moralisch qualificirtes Personal, welchem er die Verwaltung seines Vermögens anvertraut. Dieses Vertrauen muß aber nicht wieder illusorisch gemacht werden durch eine Masse unnöthiger, Zeit und Kraft beanspruchender Maßregeln und eine Unzahl von Ge= und Verboten, welche für den technisch orientirten und redlichen Beamten nicht erforderlich, für den unbefähigten und unredlichen aber nicht genügend sind.

Je umständlicher eine Instruction ist, desto geringer ist der Kreis, für den sie paßt. Von einer Instruction müssen alle Vorschriften über Culturverfahren ausgeschlossen sein, da dies schon auf dem Nachbar=Revier ganz verschieden sein kann. Die Vorschriften für Hiebsführung und Aufarbeitung der Schläge sind auch nur generell zu halten. — Bei dem heutigem Bildungs=Grad der Forstbeamten und der Manipulation des Verkaufs können die Vorschriften zur Buch= und Geschäftsführung schon specieller sein, und was die Disciplin der Beamten anbetrifft, so sind die Erfordernisse der dafür zu erlassenden Bestim= mungen an dem Riemen und der Mosel identisch.

Die Dienst=Instruction der Gemeinde=Oberförster und Förster des Regie= rungs=Bezirks Coblenz vom 16. August 1860. (Amtsblatt, 35. Beilage) wird als brauchbar Privatforstbesitzern empfohlen werden können, mit den erforder= lichen Modificationen, welche die Stellung des Landraths und Bürgermeisters zu den Gemeindeforstbeamten veranlaßt. Ersterer nimmt dem Oberförster gegenüber ohngefähr die Stellung eines inspicirenden Beamten ein und ist ihm übergeordnet, während der Bürgermeister ihm coordinirt ist. — Der Waldbe= sitzer oder die an seine Stelle tretende oberste technische Instanz wird bei den Gemeindeforstbeamten durch die Regierung, Abtheilung des Innern vertreten.

Gesetzliche rc. Bestimmungen zum Handgebrauch der Forstbeamten.

Der Oberförster hat fast täglich Anlaß gesetzliche und administration Be= stimmungen nachzuschlagen; es empfiehlt sich, daß er dieselbe in einem Band geheftet oder gebunden vereinigt stets zur Hand habe. — Als die wichtigsten werden genannt:

1. Das Straf-Gesetzbuch des Preuß. Staats vom 14./4. 1851.
2. Das Holzdiebstahls-Gesetz vom 2./6. 1852.
3. Die Polizei-Verordnung desjenigen Regierungs-Bezirks, in welchem der Wald liegt.
4. Das Regulativ über Forst-Strafarbeit des Regierungsbezirks, in welchem der Wald liegt.
5. Das Gesetz über den Waffengebrauch vom 31./3. 1837 nebst Instruction vom 17./4. 1837.
6. Jagd-Gesetz vom 7./3. 1850.
7. Die Instruction für Oberförster,
8. Desgleichen für Förster,
9. Die Forst-Ordnung der Provinz, worin der Wald liegt.

Der Förster wird die meisten der vorstehend genannten Gesetze ꝛc. ebenfalls bedürfen und nur etwa das Strafgesetzbuch entbehren können. —

Schluß.

Möchten diese Notizen dazu beitragen, um in dem Kreise des Privatforstbesitzes eine rationell und technisch begründete Wald-Wirthschaft mehr und mehr zu begründen und Anlaß sein, daß bei dem von Jahr zu Jahr steigenden Werth des Waldes, demselben auch eine steigende Aufmerksamkeit zugewendet werde.

Anlage B.

Specielle Beschreibung,

Ertragsberechnung und Betriebsplan

für den

Hochwaldblock I.

des

Rittergutes Grünwald

(1619 Morgen groß).

Die I. Periode umfaßt die Wirthschaftsjahre 1868—1887.

Bodenklassen		
II	IV	V
1,3	0,72	0,44

Reductionsfactoren zur Reduction von Flächen der II., IV. und V. Pfeil'schen Kiefernbodenklassen auf die III.

Die mit kleineren Typen gedruckten römischen Ziffern bedeuten die Periodennummern des 2. Umtriebs, sowie die nebengesetzten Zahlen das Abtriebsalter in diesem Umtriebe.

Die in den Rubriken „Flächenabnutzung" eingetragenen, mit kleineren Typen untergedruckten Zahlen bezeichnen die absoluten Flächengrößen.

Block	Jagen (Distrikt)	Abtheilung	Größe der Flächen Morgen (wirklichen)	Größe der Flächen Morgen (auf die III. Boden-Classe reducirten)	Dominirende Holzart	Des Bestandes Beschreibung	Durchschnitts-Alter (Jahre)	Holzhaltigkeit in Zehnteln des Vollbestandes (jetzt)	Holzhaltigkeit (beim Abtriebe)	Des Bodens Beschreibung	Classe
						A. Die zur nachhaltigen Betriebseinrichtung bestimmten Flächen.					
I	1	a	45	32	Kief.	Starkes und geringes Stangenholz mit geringem Baumholz theilweise gemischt, 50–70jährig, von gutem Höhenwuchs, gradschäftig mit meistens astreinen Schäften, geschlossen bestanden.	60	1,0	1,0	ebener, wenig humoser, mit Moos, Haide und Beerkraut überzogener Sandboden von nur geringer Frische.	IV
		b	14	14	do.	Geringes Baum- und starkes Stangenholz 60–70jährig, ziemlich lang und excl. des Wiesengrundes gradschäftig, am Schaft jedoch nicht astrein, gesund, im Allgemeinen etwas licht stehend, mit einzelnen älteren Stämmen, namentlich im Wiesenrande durchstellt.	65	0,8	0,8	etwas wellenförmiger und humoser, mäßig frischer, mit wenigen Haide- und Beerkraut, sowie Wachholder und Gras überzogener Sandboden.	II
	2	a	51	51	do.	Dickung 18–20jährig von gutem Wuchs und Schluß.	19	0,9	0,9	Osthang, wenig humoser, mäßig frischer, mit Haidekraut überzogener Sandboden.	II
		b	19	14	do.	Naturdickung mit Nachbesserungen durch Plätzesaat 25–30jährig von ziemlich gutem Wuchs und Schluß.	27	0,9	0,9	etwas wellenförmiger, wenig humoser und frischer, mit Moos und Haidekraut überzogener Sandboden.	IV
	3	.	76	65	do.	Stangenholz in Untermischung mit geringem Baumholz 30–60jährig mit einzelnen alten 120jährigen Stämmen durchstellt, von mittelmäßigem Höhenwuchs, mit nicht astreinen Schäften, durch Raupenfraß stellenweise gelitten und in Folge dessen alljährlich vielfach Trockniß erzeugend, ziemlich licht stehend.	50	0,7	0,7	ebener, etwas humoser, mit Moos-, Haide- und Beerkraut überzogner, mäßig frischer Sandboden, im Untergrunde Ortstein enthaltend.	0,? II 0,? IV
	4	a	29	21	do.	Stangenholz theilweise mit einigen Samenbäumen durchstanden, 40–60jährig, mit Ausschluß des Grundes nur kurzschäftig, im Allgemeinen licht stehend.	50	0,7	0,7	ebener, im Osten mit einem trocknen Kopf und einem frischen Grund versehener, wenig humoser und wenig frischer, mit Haidekraut und stellenweise mit Beerkraut überzogener Sandboden.	IV
		b	61	61	do.	Stangenholz 50–60jährig von ziemlich gutem Wuchs und Schluß.	55	0,9	0,9	ziemlich humoser, etwas tief gelegener, etwas frischer, mit starken Beer- und Farrenkrautüberzuge versehener Sandboden.	III
.	.		295	258	.	Latus 1					

Holzart	pro Mrg. (Massenklafter à 70 C.')	im Ganzen	Nutzholzantheil %	Zuwachs %	Abtriebs-Periode	Abtriebs-Alter (Jahre)	Holzart	Hauptnutzung pro Mrg.	Hauptnutzung im Ganzen	Zwischennutzung pro Mrg.	Zwischennutzung im Ganzen	I.	II.	III.	IV.	V.	VI.	Gar nicht	mehr mal	Culturbedürftige Flächen der I. Periode	Bemerkungen über die Bewirthschaftung
					III	110	Kief.			1	45			32							Durchforstung
					III	120								45							
					III	115	do.			2	28			11							Durchforstung
					III	120								14							
					V	109	do.									46					
					V	120										51					
					V	117	do.									14					Die Freistellung gegen Jagen 3 ist des geringen Bodens und des schwachen u. kurzen Wuchses des Holzes halber ohne Besorgniß.
					V	120										19					
					IV	120	do.			1,3	99				45						Durchforstung
					IV	120									76						
					IV	120	do.			1	29				15						Durchforstung
					IV	120									29						
					IV	125	do.			1,5	91				55						Durchforstung
					IV	120									61						
							Kief.				292			43	115	60					
														59	166	70					

Blok	Jagen (Distrikt)	Abtheilung	Größe der wirklichen (Flächen Morgen)	Größe der auf die III. Bodenklasse reducirten (Flächen Morgen)	Dominirende Holzart	Des Bestandes Beschreibung	Durchschnitts-Alter (Jahre)	Holzhaltigkeit in Zehnteln des Vollbestandes jetzt	Holzhaltigkeit beim Abtriebe	Des Bodens Beschreibung	Klasse
I	5	.	95	68	Kief.	Naturdickung durch Plätzesaat und Pflanzung stellenweise nachgebessert, mit einiger der Nachbesserung nicht mehr fähigen Fehlstellen, 5jährig, durch Wild vielfach verbissen, sowie durch curculio notatus stellenweise beschädigt, im Allgemeinen geringwüchsig.	5	0,7	0,7	ebener, nicht ganz humusarmer, mit Haidekraut überzogener Sandboden.	IV
	6	a	10	9	do.	Saat in gepflügten Streifen vom Frühjahre 1857. Die Schonung hat durch die Schütte und Rüsselkäferfraß gelitten, ist jetzt in gutem Wuchse begriffen und vollbestanden.	10	1,0	0,9	ebener, wenig humoser und wenig frischer, stark mit Haidekraut benarbter Sandboden, der stellenweise Eisenocker im Untergrunde hat.	0,5 III 0,5 IV
		b	21	19	do.	Naturdickung mit geringen Nachbesserungen aus der Hand, 3jährig, östlich des Dreibrüderweges dicht am e-Gestell ist eine circa 1 Morgen große Brandblöße im Frühjahre 1865 durch Ballenpflanzung in Bestand gebracht. Die Dickung ist mit Ausnahme einiger der Nachbesserung nicht mehr fähigen Fehlstellen ziemlich vollbestanden und ziemlich wüchsig.	3	0,8	0,8	ebener, wenig humoser, stark mit Haidekraut überzogener Sandboden von geringer Frische.	0,5 III 0,5 IV
		c	25	25	do.	Naturdickung mit vielfachen Nachbesserungen durch Plätzesaat, stellenweise im Uebergange zu geringem Stangenholze begriffen, 7jährig, von mittelmäßigem Wuchs und Schluß.	7	0,9	0,9	ebener, etwas humoser, wenig frischer, mit Haidekraut überzogener Sandboden.	III
	7	.	72	52	do.	Naturdickung durch Plätzesaat und Pflanzung stellenweise nachgebessert, mit einigen der Nachbesserung nicht mehr fähigen Fehlstellen, 20-30jährig, durch Wild vielfach verbissen, sowie durch curculio notatus stellenweise beschädigt, im Allgemeinen geringwüchsig.	25	0,7	0,7	ebener, nicht ganz humusarmer, mit Haidekraut überzogener Sandboden.	IV
	8	a	5	4	do.	Baumholz mit starkem Stangenholz gemischt und mit einigen starken Stämmen, namentlich im nördlichen Theile, und am b-Gestell durchstellt, 80-110jährig, ziemlich lang, gerad, doch nur dünnschäftig, ziemlich astrein, am Schaft jedoch astrein, durch Windbruch und Raupenfraß stellenweise stark gelichtet. Das Holz ist gesund.	95	0,7	0,7	ebener, etwas humoser, wenig frischer Sandboden, mit Haide- und dürftigem Beerenkrautüberzuge versehen, nach dem A-Gestelle zu in einen frischern Grund übergehend.	0,5 III 0,5 IV
.	.	.	228	177	.	Latus 2					

gegenwärtig gefundene nutzbare Derbholzmasse und Zuwachs — pro Mrg. (Massenklafter à 70 C.)	im Ganzen (Massenklafter)	Nutzholzantheil %	Zuwachs %	Abtriebs-Periode	Abtriebs-Alter (Jahre)	Holz-art	Material-Abnutzung in der I. Periode — Hauptnutzung pro Mrg.	Hauptnutzung im Ganzen	Zwischennutzung pro Mrg.	Zwischennutzung im Ganzen (Massenklaftern à 70 Kubikfuß)	Flächen-Abnutzung. Im ersten Umtriebe werden abgetrieben in der I. Periode	II.	III.	IV.	V.	VI.	Gar nicht	mehr mal	Culturbedürftige Flächen der I. Periode	Bemerkungen über die Bewirthschaftung
.	.	.	.	V / V	95 / 120	Kief.	.	.	.	.	.	.	.	.	68 / 95	.	.	.	.	.
.	.	.	.	I	130	.	.	.	.	.	10	.	.	.	.	.	8	.	.	Geht durch.
.	.	.	.	I	123	.	.	.	.	.	21	.	.	.	.	.	15	.	.	do.
.	.	.	.	I	127	.	.	.	.	.	25	.	.	.	.	.	22	.	.	do.
.	.	.	.	V / V	115 / 120	Kief.	.	.	.	.	.	.	.	.	36 / 72	.	.	.	.	Die Freistellung durch den Hieb von Jagen 8 in der II. Periode ist wegen des schlechten Bodens von Jag. 7 ohne Bedenken.
.	.	.	.	II / II	125 / 120	do.	.	.	0,7	3	.	3 / 5	.	.	.	.	.	.	.	Zwischen-Nutzung an Trockniß.
.	.	.	.	.	.	Kief.	.	.	.	3	. / 56	3 / 5	.	.	104 / 167	.	45	.	.	

Morgen.

Block	Jagen (Distrikt)	Abtheilung	Größe der Flächen (Morgen)		Dominirende Holzart	Des Bestandes — Beschreibung	Durchschnitts-Alter (Jahre)	Holzhaltigkeit in Zehnteln des Vollbestandes		Des Bodens — Beschreibung	Klasse
			wirklichen	auf die III. Bodenklasse reducirten				jetzt	beim Abtriebe		
I	8	b	20	20	Kief.	Geringes Baumholz gemischt mit starkem und geringem Stangenholz, sowie einzelnen, alten Kiefern, 70–100jährig, gutwüchsig, ziemlich lang und geradschäftig, licht bestanden.	90	0,7	0,7	etwas wellenförmiger, etwas humoser, wenig frischer, mit Haidekraut und wenig bodenschirmendem Kieferunterwuchs bewachsener Sandboden.	II
		c	23	19	do.	Geringes und starkes Stangenholz, 60–80jährig, mit alten, meistens im Absterben begriffenen 120jährigen Waldrechtern, die am Nordrande in ziemlich großer Zahl auftreten, durchstanden, das Stangenholz im Allgemeinen nur von mittelmäßigem Wuchs durch mehrmaligen Aushieb des in Folge vom Raupenfraß trocken gewordenen Holzes, stellenweise sehr licht, fast lückig geworden.	70	0,7	0,7	ebener, wenig humoser, mäßig frischer, auf den frischeren Stellen mit Beerkraut, auf den trockneren Stellen mit Hungermoos überzogener Sandboden.	0,II 0,I
		d	19	17	do.	Stangenholz ziemlich stark, 50–70jährig, mit einzelnen älteren, meist abständigen Stämmen durchstanden, ziemlich wüchsig und ziemlich geschlossen.	65	0,8	0,8	ebener, etwas humoser, mäßig frischer, mit Beer- und Haidekraut bewachsener Sandboden.	0,II 0,I
		e	17	13	do.	Geringes und starkes Baumholz, 80–100jährig, von mittelmäßigem Höhenwuchs, meistens geradschäftig, am Stamme ziemlich astrein, größtentheils gesund, licht stehend. Längs des b-Gestells finden sich mehrfach Stangen eingemischt.	100	0,7	0,7	ebener, etwas humoser, mit Haidekraut sowie theilweise mit bodenschirmendem Kiefernunterwuchs versehener Sandboden.	0,II 0,I
		f	11	8	do.	Geringes und starkes Baumholz, 100–130jährig, ziemlich geradschäftig, von nur geringem, bis mittelmäßigem Höhenwuchs astrein ($\tfrac{1}{4}$ Schwammholz), durch Raupenfraß sehr gelitten und vielfach im Absterben begriffen, östlich der Wildbahn ist der Bestand noch mit geringem Stangenholz gemischt, sehr licht stehend.	110	0,7	0,7	ebener, etwas humoser, wenig frischer, mit Haidekraut und Hungermoos bewachsener Sandboden, stellenweise mit bodenschirmendem Kiefernunterwuchs versehen.	I
	9	a	50	36	do.	Stangenholz, 45jährig, von sehr mittelmäßigem Wuchs und lückenhaftem Stande.	45	0,6	0,6	ebener, wenig humoser, wenig frischer, mit Haidekraut bewachsener Sandboden.	I
		b	20	20	do.	Stangenholz, 50–60jährig, von ziemlich gutem Wuchs und Schluß.	55	0,9	0,9	ebener, ziemlich humoser, etwas tief gelegener, etwas frischer, mit starkem Beer- und Farrnkraut überzuge versehener Sandboden.	II
.	.	.	160	133	.	Latus 3					

Gegenwärtig gefundene haubare Derbholzmasse und Zuwachs.					Abtriebs-Periode	Abtriebs-Alter	Material-Abnutzung in der I. Periode					Flächen-Abnutzung. Im ersten Umtriebe werden abgetrieben								Culturbedürftige Flächen der I. Periode	Bemerkungen über die Bewirthschaftung.
Holzart	pro Mrg.	im Ganzen	Nutzholzantheil	Zuwachs			Holzart	Hauptnutzung		Zwischennutzung		in der						Gar nicht	mehr mal		
	Massenklafter à 70 C.'	Massenklafter	%	%		Jahre		pro Mrg.	im Ganzen	pro Mrg.	im Ganzen	I.	II.	III.	IV.	V.	VI.				
								Massenklaftern à 70 Kubikfuß				Morgen									
.	.	.	.	.	II II	120 120	Kief.	.	.	0,5	10	.	14 20	.	.	.	.	.	.	.	Zwischen-Nutzung an Trockniß.
.	.	.	.	.	II II	100 120	do.	.	.	0,5	11	.	13 23	.	.	.	.	.	.	.	do.
.	.	.	.	.	II II	95 120	do.	.	.	1	19	.	14 19	.	.	.	.	.	.	.	do.
.	.	.	.	.	II II	130 120	do.	.	.	.	.	.	9 17	.	.	.	.	.	.	.	do.
Kief. ausgekluppt.	21	231	.	0,4	I II	120 140	do.	22	242	.	.	6	. 11	.	.	.	.	.	.	11	Kahlhieb und Kiefernanbau.
.	.	.	.	.	III III	95 120	do.	.	.	0,4	20	.	.	22 50	.	.	.	.	.	.	Durchforstung
.	.	.	.	.	III III	105 120	do.	.	.	1,5	30	.	.	18 20	.	.	.	.	.	.	do.
.	.	.	.	.	.	.	Kief.	.	242	.	90	6	50 90	40 70	.	.	.	.	.	11	

Block	Jagen (Distrikt)	Abtheilung	Größe der wirklichen Flächen Morgen	Größe der auf die III. Bodenklasse reducirten	Dominirende Holzart	Des Bestandes Beschreibung	Durchschnitts-Alter Jahre	Holzhaltigkeit in Zehnteln des Vollbestandes jetzt	Holzhaltigkeit in Zehnteln des Vollbestandes beim Abtriebe	Des Bodens Beschreibung	Klasse
I	9	c	30	30	Kief.	Gewöhnliches und starkes Stangenholz, 55–70jährig, im Allgemeinen ziemlich gutwüchsig und ziemlich geschlossen. Im Jahre 1856 schwach durchforstet.	60	0,8	0,8	ziemlich humoser, ebener, theilweise etwas tief gelegener, mäßig frischer, mit Moos, Beer- und Haidekraut bewachsener Sandboden.	III
	10	a	79	102	do.	Saat in gepflügten Streifen vom Frühjahre 1858 augenblicklich mit einigen Fehlstellen versehen, die sich indessen binnen nicht zu langer Zeit zuziehen werden. Gutwüchsig.	9	1,0	0,9	etwas tief gelegener, frischer, mit starkem Haidekraut Ueberzuge versehener Sandboden.	II
		b	15	13	do.	Saat in gepflügten Streifen vom Frühjahre 1861. Die Schonung hat durch die Schütte und Rüsselfraß gelitten, ist jetzt in gutem Wuchse begriffen und vollbestanden.	6	0,9	0,9	ebener, wenig humoser und wenig frischer, stark mit Haidekraut bewachsener Sandboden, der stellenweise Eisenocker im Untergrunde hat.	0,5 III 0,5 IV
		c	10	7	do.	Naturdickung mit Nachbesserungen, durch Plätzesaat, 15–20jährig, gutwüchsig und vollbestanden.	17	1,0	0,9	ebener, fast humusarmer, mit Haidekraut und Hungermoos überzogener Sandboden, ziemlich trocken.	IV
		d	5	5	do.	Schlagblöße vom Jahre 1867, mit einzelnen zum Durchgehen bestimmten Stämmen. Auf den Stocklöchern ist einiger Anflug vorhanden.	.	.	.	ebener, etwas humoser, wenig frischer Sandboden.	III
	11	a	62	62	do.	Starkes Baumholz, 100jährig, ziemlich gerade und starkschäftig, astreich, am Stamme ziemlich astrein, im Allgemeinen gesund, stellenweise jedoch schwammig, mehrfach im Absterben begriffen. Stellenweise, namentlich im westlichen Theile, mit 50–60jährigen Stangen horstweise durchstellt, sehr licht bestanden.	100	0,7	0,7	stark wellenförmiger, etwas humoser, wenig frischer, mit Haidekraut und wenigen bodenschirmendem Kieferunterwuchs bewachsener Sandboden.	III
		b	39	39	do.	Geringes Baumholz, gemischt mit starkem und geringem Stangenholz, sowie einzelnen alten Kiefern, 70–100jährig, gutwüchsig, ziemlich lang und gerabschäftig, licht bestanden.	90	0,7	0,7	etwas wellenförmiger, weniger humoser, mäßig frischer, mit Haidekraut und Beerkraut überzogener Sandboden.	III
.	.	.	240	258	.	Latus 4					

Gruppenüberschriften der Tabelle: **gegenwärtig gefundene nutzbare Derbholzmasse und Zuwachs** (Massenklafter à 70 C.'); **Material-Abnutzung in der I. Periode** (Massenklaftern à 70 Kubikfuß); **Flächen-Abnutzung. Im ersten Umtriebe werden abgetrieben** (Morgen).

…	pro Mrg.	im Ganzen	Nutzholzantheil %	Zuwachs %	Abtriebs-Periode	Abtriebs-Alter (Jahre)	Holzart	Hauptnutzung pro Mrg.	Hauptnutzung im Ganzen	Zwischennutzung pro Mrg.	Zwischennutzung im Ganzen	I.	II.	III.	IV.	V.	VI.	Gar nicht	mehr mal	Culturbedürftige Flächen der 1. Periode	Bemerkungen über die Bewirthschaftung
·	·	·	·	·	III III	110 120	Kief.	·	·	2	60	·	·	24 30	·	·	·	·	·	·	Durchforstung
·	·	·	·	·	VI VI	119 120	do.	·	·	·	·	·	·	·	·	·	92 79	·	·	·	
·	·	·	·	·	· I VI	·	do.	·	·	·	·	15	·	·	·	·	15	12	·	·	Geht durch.
·	·	·	·	·	VI VI	127 120	do.	·	·	·	·	·	·	·	·	·	6 10	·	·	·	
·	·	·	·	·	VI VI	110 120	do.	·	·	·	·	·	·	·	·	·	5 5	·	·	5	Kiefernanbau.
·	·	·	·	·	II II	130 120	do.	·	·	0,5	31	·	43 62	·	·	·	·	·	·	·	Zwischen-Nutzung an Trockniß.
·	·	·	·	·	II II	120 120	do.	·	·	0,5	19	·	27 39	·	·	·	·	·	·	·	do.
·	·	·	·	·	·	·	Kief.	·	·	·	110	· 15	70 101	24 30	·	·	103 109	12	·	5	

Bloc	Jagen (Distrikt)	Abtheilung	Größe der Flächen (Morgen)		Dominirende Holzart	Des Bestandes — Beschreibung	Durchschnitts-Alter (Jahre)	Holzhaltigkeit in Zehnteln des Vollbestandes		Des Bodens — Beschreibung	Klasse
			wirklichen	auf die III. Boden-Klasse reducirten				jetzt	beim Abtriebe		
I	12	a	20	19	Kief.	Plänterwald, vorherrschend geringes und starkes Baumholz, 90jährig, stellenweise mit bodenschützendem Kiefern Unterwuchs, stellenweise mit 40–60jährigen Stangen in horstweisem Stande durchstellt. Im Allgemeinen ziemlich lang, gerad und stark schäftig, astreich, mit meistens astreinen Schäften, meistens gesund, licht stehend.	90	0,7	0,7	ebener, etwas humoser, stellenweise ziemlich frischer, mit Beer- und Haidekraut bewachsener Sandboden.	0,8 III 0,2 IV
.	b	10	10	do.	Aus dem Plänterwalde hervorgegangener Ort. Vorherrschend geringes und starkes Stangenholz, 50–80jährig, theils einzeln, theils in größeren Horsten von altem, geringem und starkem Baumholze im Alter von 90–100 Jahren durchstanden, im Allgemeinen licht bestanden. Das Stangenholz und geringe Baumholz von mittelmäßigem Wuchs, das ältere Baumholz ziemlich lang und geradschäftig, astrein. Im Allgemeinen gesund.	70	0,7	0,7	ebener, etwas humoser und etwas frischer, mit Moos, Haide und Beerenkraut bewachsener Sandboden.	III
.	c	10	9	do.	Geringes Baumholz, vielfach mit einzeln und horstweise stehenden, 30–50jährigen Stangen, namentlich im südlichen Theile am B.=Gestell gemischt, 60jährig, von mittelmäßigem Höhenwuchs, meistens gesund, geradschäftig, ohne größere, den Schluß beträchtlich unterbrechende Lücken.	60	0,8	0,8	ebener, etwas humoser, wenig frischer, mit Moos und wenigem Haidekraute überzogener Sandboden.	0,7 III 0,3 IV
13	a	5	4	do.	Saat in gepflügten Streifen vom Frühjahre 1862; die Schonung hat durch die Schütte und Rüsselkäferfraß gelitten, ist jetzt in gutem Wuchse begriffen und vollbestanden. —	5	1,0	0,9	ebener, wenig humoser, und wenig frischer, stark mit Haidekraut bewachsener Sandboden, der stellenweise Eisenocker im Untergrunde hat.	0,5 III 0,5 IV
.	b	85	73	do.	Baumholz mit starkem Stangenholz gemischt und mit einigen starken Stämmen, namentlich im nördlichen Theile und am B.=Gestelle, durchstellt, 80–110jährig, sehr kurz, gerade, doch nur sehr dünnschäftig, ziemlich astreich, am Schafte jedoch astrein, durch Windbruch und Raupenfraß stellenweise stark gelitten, räumlich, selbst blößenhaft. Das Holz ist gesund.	95	0,7	0,7	ebener, etwas humoser, wenig frischer Sandboden, mit Haide= u. dürftigem Beerenkrautüberzuge versehen nach dem B.=Gestell zu in einen frischern Grund übergehend.	0,5 III 0,5 IV
14	a	68	68	do.	Geringes Stangenholz, 45–50jährig, ziemlich gutwüchsig, durch mehrfachen Aushieb von Raupentrockniß etwas gelichtet.	48	0,8	0,8	ebener, etwas humoser, stellenweise ziemlich frischer, mit Moos und Haidekraut bewachsener Sandboden	III
.	.	198	183	.	Latus 5						

Holzart	Gegenwärtig gefundene haubare Derbholzmasse und Zuwachs: pro Mrg. (Massenklafter à 70 C.')	im Ganzen	Nutzholzantheil %	Zuwachs %	Abtriebs-Periode	Abtriebs-Alter (Jahre)	Material-Abnutzung in der I. Periode: Holz-art	Hauptnutzung pro Mrg.	Hauptnutzung im Ganzen	Zwischennutzung pro Mrg.	Zwischennutzung im Ganzen (Massenklaftern à 70 Kubikfuß)	Flächen-Abnutzung. Im ersten Umtriebe werden abgetrieben in der I. Periode (Morgen)	II.	III.	IV.	V.	VI.	Gar nicht	mehr mal	Culturbedürftige Flächen der I. Periode	Bemerkungen über die Bewirthschaftung
Kief.	.	.	.	.	II II	120 120	Kief.	.	.	0,5	10	.	13 20	.	.	.	.	.	.	.	Zwischen-Nutzung an Trockniß.
.	.	.	.	.	II II	100 120	do.	.	.	1	10	.	7 10	.	.	.	.	.	.	.	do.
.	.	.	.	.	II II	90 120	do.	.	.	.	.	.	7 10	.	.	.	.	.	.	.	
.	.	.	.	.	 I	.	do.	.	.	.	.	. 5	.	.	.	.	.	4	.	.	geht durch
Kief.	7	590	.	0,6	I I	105 120	do.	18	625	.	.	51 85	.	.	.	.	.	.	.	85	
.	.	.	.	.	IV IV	118 120	do.	.	.	0,5	34	.	.	.	54 68	.	.	.	.	.	Durchforstung
.	.	.	.	.	.	.	.	.	625	.	54	51 90	27 40	.	54 68	.	.	4	.	85	

Bloc	Jagen (Distrikt)	Abtheilung	Größe der wirklichen (Flächen Morgen)	auf die III. Bodenklasse reducirten	Dominirende Holzart	Des Bestandes — Beschreibung	Durchschnitts-Alter (Jahre)	Holzhaltigkeit in Zehnteln des Vollbestandes — jetzt	beim Abtriebe	Des Bodens — Beschreibung	Klasse
I	14	b	5	4	Kief.	Stangenholz, 50–60jährig, im Allgemeinen kurzschäftig, geringwüchsig, etwas lichtstehend, mit wenigen älteren 90jährigen Stämmen durchstellt.	55	0,8	0,8	ebener, wenig humoser, trockner Sandboden.	IV
		c	30	30	do.	Geringes Stangenholz, 40jährig, gutwüchsig und ziemlich geschlossen.	40	0,9	0,9	etwas humoser, mäßig frischer, mit Moos und wenigem Beerkraut überzogener Sandboden.	III
	15	a	31	22	do.	Zur Hälfte Naturschonung von 20–25 Jahren, zur Hälfte 2–6jährige Nachbesserungen durch Pflanzung einjähriger Kiefern, durch Wild vielfach verbissen und geringwüchsig.	15	0,7	0,7	etwas wellenförmiger, trockner, mit Haidekraut stark überzogener Sandboden.	IV
		b	69	69	do.	Samenschlag mit einigen Anflug, auf welchen indessen wegen der noch zu bewirkenden Abfuhr vielen Klafterholzes wenig zu rechnen ist. Die Samenbäume sind Baumholz und starkes Stangenholz, 70 bis 120jährig, in regelmäßiger Vertheilung von mittelmäßigem Höhenwuchs und Stärkewuchs, geradschaftig.	110	0,7	0,9	ebener, mäßig frischer, mit wenigem Haidekraut und Beerenkraut überzogener, etwas humoser Sandboden.	III
		c	10	10	do.	Dickung aus Plätzesaat entstanden, 22jährig, in gedrängtem Stande erwachsen, gutwüchsig und geschlossen.	20	1,0	1,0	ziemlich humoser und frischer Sandboden.	III
	16	a	25	22	do.	Baumholz, 100–150jährig, von ziemlich gutem Höhenwuchs, namentlich in der Tieflage, stark und geradschäftig, durch Windbruch und Raupenfraß stark gelichtet, theilweise fast räumlich stehend, mehrfach am Absterben begriffen, stellenweise mit einzelnen Horsten jüngeren Stangenholzes gemischt.	120	0,7	0,7	etwas wellenförmiger, in den Einsenkungen an mooriger ziemlich frischer, mit Haide- und Beerkraut bewachsener, auf den höher gelegenen Stellen mehr trockner, wenig humoser Sandboden.	0,5 III 0,5 IV
		b	30	22	do.	Baum- und starkes Stangenholz, 80–110jährig, von mittelmäßigem Höhen- und Stärkenwuchs und in Folge von Raupenfraß ziemlich lichtem Stande.	95	0,8	0,8	ebener, meist trockener, mit Hungermoos bewachsener Sandboden.	IV
		c	43	31	do.	Starkes Baumholz, 110–140jährig, meist kurz, aber starkschäftig, astreich, mehrfach abständig, ziemlich gesung, mit einzelnen jüngeren Stangen durchstellt, ziemlich licht bestanden.	125	0,7	0,7	wenig humoser, ebener, mit Haidekraut bewachsener Sandboden.	IV
	17	a	15	13	do.	Stangenholz, 50–70jährig, mehrfach mit über 100jährigem Baumholz durchstellt. Ziemlich wüchsig, doch etwas licht stehend.	65	0,8	0,8	ebener, mäßig frischer, stark mit Haidekraut und Moos überzogener, etwas humoser Sandboden.	0,5 III 0,5 IV
.	.		258	223	.	Latus 6					

	pro Mrg.	im Ganzen	Nutzholzantheil %	Zuwachs %	Abtriebs-Periode	Abtriebs-Alter	Holzart	Material-Abnutzung in der I. Periode				Flächen-Abnutzung. Im ersten Umtriebe werden abgetrieben						Gar nicht	mehr mal	Culturbedürftige Flächen der I. Periode	Bemerkungen über die Bewirthschaftung.
	Massenklafter à 70 C.'	(Massenklafter)	%	%		(Jahre)	art.	Hauptnutzung pro Mrg.	im Ganzen	Zwischennutzung pro Mrg.	im Ganzen	I.	II.	III.	IV.	V.	VI.				
								Massenklaftern à 70 Kubikfuß				Morgen									
	.	.	.	.	IV / IV	125 / 120	Kief.	.	.	1	5	.	.	.	3 / 5	.	.	.	.	.	Durchforstung
	.	.	.	.	IV / IV	110 / 120	do.	.	.	1	30	.	.	.	27 / 30	.	.	.	.	.	do.
	.	.	.	.	VI / VI	125 / 120	do.	.	.	.	.	.	.	.	.	.	15 / 31	.	.	.	
f.	3	207	.	0,7	I / VI / VI	110 / 120	do.	4	276	.	.	62	.	.	.	.	62 / 69	.	62	69	Kahlhieb u. Kiefernanbau. Bei dem Abtrieb sind die wüchsigsten Stämme, ca. 1 Stamm pro Mrg. als Waldrechter überzuhalten.
	.	.	.	.	VI / VI	130 / 120	do.	.	.	.	.	.	.	.	.	.	10 / 10	.	.	.	
	22 ausgekluppt.	550	.	0,5	I / I	130 / 120	do.	26	577	.	.	15 / 25	.	.	.	.	.	.	.	25	Kahlhieb und Kiefernanbau.
	19 ausgekluppt.	570	.	0,5	I / I	105 / 120	do.	20	598	.	.	18 / 30	.	.	.	.	.	.	.	30	do.
	22	946	.	0,4	I / I	135 / 120	do.	23	989	.	.	22 / 43	.	.	.	.	.	.	.	43	do.
	.	.	.	.	III / III	115 / 120	do.	.	.	1	15	.	.	10 / 15	.	.	.	.	.	.	Durchforstung
	.	.	.	.	.	.	Kief.	.	2440	.	50	117 / 98	.	10 / 15	30 / 35	.	87 / 110	.	62	167	

Block (Distrikt)	Jagen (Distrikt)	Abtheilung	Größe der wirklichen Flächen (Morgen)	Größe der auf die III. Bodenklasse reducirten Flächen (Morgen)	Dominirende Holzart	Des Bestandes – Beschreibung	Durchschnitts-Alter (Jahre)	Holzhaltigkeit in Zehnteln des Vollbestandes – jetzt	Holzhaltigkeit in Zehnteln des Vollbestandes – beim Abtriebe	Des Bodens – Beschreibung	Classe
I	.	b	48	38	Kief.	Stangenholz, durchschnittlich 50jährig, von mittelmäßigem Höhenwuchs, durch früheren Raupenfraß sehr gelichtet.	50	0,7	0,7	ebener, wenig humoser Sandboden, von geringer Frische, mit Moos und wenigem Haidekraut und Beerenkraut überzogen.	0 II 0 I
	.	c	20	14	do.	Geringes Baumholz, gemischt mit starkem Stangenholz, ungleich altrig, 60-90jährig, kurzschäftig, licht bestanden, hin und wieder, namentlich am Jagen 9, mit 30-40jährigen Stangen horstweise durchstellt.	75	0,7	0,7	ebener, trockner, mit Moos, Haide- und Beerenkraut bewachsener Sandboden.	I
	18	a	17	14	do.	Stangenholz, 50-70jährig, mehrfach mit über 100jährigem Baumholze durchstellt, ziemlich wüchsig, doch etwas licht stehend.	65	0,8	0,7	ebener, mäßig frischer, stark mit Haidekraut und Moos überzogener, etwas humoser Sandboden.	0 II 0 I
	.	b	11	8	do.	Starkes Stangenholz, circa 40-60jährig, von mittelmäßigen Höhenwuchs, in Folge mehrmaligen Aushiebes von Raupenfraßtrockniß gelichtet.	50	0,8	0,8	ebener, trockener, mit Moos, Haide- und Beerkraut bewachsener Sandboden.	I
	.	c	12	9	do.	Stangenholz, 50-70jährig, mit einzelnen 100-120jährigen, meist abständigen Kiefern durchstanden, von geringem Höhenwuchs, durch früheren Raupenfraß gelichtet.	60	0,8	0,8	ebener, humusarmer, mit Moos und wenigem Beerkraut bezogener Sandboden.	I
	19	.	33	24	do.	Geringes und starkes Baumholz, mit 50-80jährigen Stangen horstweise, namentlich im Südwesten, längs des C-Gestells gemischt, 70-100jährig und noch älter, von mittelmäßigem Wuchs und sehr lichtem Stande, das alte Holz ziemlich geradschäftig, astreich, mehrfach anbrüchig und im Absterben begriffen.	90	0,7	0,7	wellenförmiger, wenig humoser und wenig frischer, mit Haidekraut und Hungermoos überzogener Sandboden.	I
	20	a	40	29	do.	Starkes Baumholz, über 120 Jahr alt, etwas schwammig, räumlich.	120	0,7	0,5	ebener, verarmter, trockener Sandboden.	I
	.	b	57	57	do.	Baumholz im Alter von 90-100 Jahren und darüber, meist kurz gewachsen, starkholzig, bisweilen sehr ästig und knorrig (durch früher hier stattgehabte Militär-Schießübungen stark beschädigt), hin und wieder meist jüngerem Baumholze und Stangen unterstanden, etwas lückig.	95	0,9	0,9	etwas welliger Sandboden, theils sehr trocken verarmt, mit Haidekraut, theils frischer, humoser, mit Gras und Wachholder überzogen.	II
	21	a	37	21	do.	Stangen 15-25jährig, meist schlechtwüchsig geschlossen.	20	0,9	0,9	ebener, trockner Sandboden, mit Moosen überzogen.	0 I I 0
	.	.	275	214	.	Latus 7.					V

Holz=art	Gegenwärtig gefundene nutzbare Derbholzmasse und Zuwachs — pro Mrg. (Massenklafter à 70 C.')	im Ganzen	Nutzholzantheil %	Zuwachs %	Abtriebs=Periode	Abtriebs=Alter (Jahre)	Holz=art	Material=Abnutzung in der I. Periode — Hauptnutzung pro Mrg.	Hauptnutzung im Ganzen	Zwischennutzung pro Mrg.	Zwischennutzung im Ganzen (Massenklaftern à 70 Kubikfuß)	Flächen=Abnutzung. Im ersten Umtriebe werden abgetrieben — in der I. Periode	II.	III.	IV.	V.	VI.	Gar nicht	mehr mal	Culturbedürftige Flächen der I. Periode	Bemerkungen über die Bewirthschaftung.
·	·	·	·	·	III / III	100 / 120	Kief.	·	·	0,7	34	·	·	28 / 48	·	·	·	·	·	·	Durchforstung.
·	·	·	·	·	III / III	125 / 120	do.	·	·	1	20	·	·	10 / 20	·	·	·	·	·	·	do.
·	·	·	·	·	III / III	115 / 120	do.	·	·	1	17	·	·	11 / 17	·	·	·	·	·	·	do.
·	·	·	·	·	III / III	120 / 120	do.	·	·	0,5	5	·	·	·6 / 11	·	·	·	·	·	·	do.
·	·	·	·	·	III / III	120 / 120	do.	·	·	0,5	6	·	·	7 / 12	·	·	·	·	·	·	do.
·	·	·	·	·	II / II	120 / 120	do.	·	·	0,5	16	·	17 / 33	·	·	·	·	·	·	·	Zwischen=Nutzung an Trockniß.
ef.	27	1084	·	·	I / I	130 / 120	do.	26	1084	·	·	15 / 40	·	·	·	·	·	·	·	40	Kahlhieb u. Kiefernanbau.
· (ausgekluppt.)	·	·	·	·	II / II	125 / 120	do.	·	·	0,5	26	·	51 / 57	·	·	·	·	·	·	·	Zwischen=Nutzung an Trockniß.
·	·	·	·	·	V / V	110 / 120	do.	·	·	·	·	·	·	·	·	19 / 37	·	·	·	·	·
·	·	·	·	·	·	·	Kief.	·	1084	·	124	15 / 40	68 / 90	62 / 108	·	19 / 37	·	·	·	40	·

Block	Jagen (Distrikt)	Abtheilung	Größe der wirklichen (Flächen Morgen)	Größe der auf die III. Bodenklasse reducirten	Dominirende Holzart	Des Bestandes Beschreibung	Durchschnitts-Alter (Jahre)	Holzhaltigkeit in Zehnteln des Vollbestandes jetzt	Holzhaltigkeit beim Abtriebe	Des Bodens Beschreibung	Klasse
I	.	b	25	18	Kief.	Starkes Baumholz, 110–120jährig und darüber, meist kurz und schwach, seltener etwas stärker gewachsen, mehrentheils schwammig, an einigen Stellen mit jüngeren Baumholz, auch einigen Stangen unterstanden, licht, stellenweise sehr licht, lückig.	120	0,7	0,7	ebener, trockener Sandboden, an einigen Stellen sehr verarmt und offneren Stellen mit Hungermoos überzogen.	IV
.	.	.	25	18	.	Latus 8					

Zusamme:

Latus			295	258	.	1	.	.	.	. . . . .	.
"			228	177	.	2	.	.	.	. . . . .	.
"			160	133	.	3	.	.	.	. . . . .	.
"			240	258	.	4	.	.	.	. . . . .	.
"			198	183	.	5	.	.	.	. . . . .	.
"			258	223	.	6	.	.	.	. . . . .	.
"			275	214	.	7	.	.	.	. . . . .	.
"			25	18	.	8	.	.	.	. . . . .	.
Summa			1679	1464	.	. . . .	.	.	.	.	.

…genwärtig gefundene …bare Derbholzmasse und Zuwachs					Abtriebs-Periode	Abtriebs-Alter	Holz-art.	Material-Abnutzung in der I. Periode				Flächen-Abnutzung. Im ersten Umtriebe werden abgetrieben								Culturbedürftige Flächen der I. Periode	Bemerkungen über die Bewirthschaftung.
	pro Mrg.	im Ganzen	Nutzholzantheil	Zuwachs				Hauptnutzung		Zwischennutzung		in der						Gar nicht	mehr mal		
								pro Mrg.	im Ganzen	pro Mrg.	im Ganzen	I.	II.	III.	IV.	V.	VI.				
												Periode									
	Massenklafter à 70 C.'		%	%		Jahre		Massenklaftern à 70 Kubikfuß				Morgen.									
.	22	550	.	0,4	I V V	130 120	.	23	572	.	.	13	.	.	.	13 25	.	.	13	25	Kahlhieb und Kiefernanbau.
	.	.	.	.	.	.	Kief.	.	572	.	.	13	.	.	.	13 25	.	.	13	25	

…llung.

	.	.	.	.	.	.	.	.	.	.	292	.	.	43 59	115 166	60 70	.	.	.	.	
	.	.	.	.	.	.	.	.	.	.	3	. 56	3 5	.	.	104 167	.	45	.	.	
	.	.	.	.	.	.	.	.	242	.	90	6	50 90	40 70	.	.	.	.	.	11	
.	.	.	.	.	.	.	.	.	.	.	110	. 15	70 101	24 30	.	.	103 109	12	.	5	
	.	.	.	.	.	.	.	.	625	.	54	51 90	27 40	.	54 68	.	.	4	.	85	
	.	.	.	.	.	.	.	.	2440	.	50	117 98	.	10 15	30 35	.	87 110	.	62	167	
	.	.	.	.	.	.	.	.	1084	.	124	15 40	68 90	62 108	.	19 37	.	.	.	40	
	.	.	.	.	.	.	.	.	572	.	.	13	.	.	.	13 25	.	.	13	25	
	.	.	.	.	.	.	.	.	4963	.	723	202 299	218 326	179 282	199 269	196 299	190 219	61	75	333	

Erfahrungs-Tafeln

über

den Ertrag der Kiefernbestände pro Morgen, auf den verschiedenen Bodenklassen des Rittergutsforstes Grünwald nach den von dem Oberforstrath Pfeil für den Sandboden des nordöstlichen Deutschlands aufgestellten Erfahrungstafeln berechnet.

Jahre	II. Bodenklasse		III. Bodenklasse		IV. Bodenklasse		V. Bodenklasse	
	Kubikfuß	Klafter	Kubikfuß	Klafter	Kubikfuß	Klafter	Kubikfuß	Klafter
60	1885	26,9	1480	21,1	1105	15,7	722	10,3
61	1920	27,4	1506	21,5	1124	16,	732	10,4
62	1955	27,9	1532	21,8	1142	16,3	742	10,6
63	1990	28,4	1558	22,2	1160	16,5	752	10,7
64	2025	28,9	1583	22,6	1178	16,8	762	10,8
65	2059	29,4	1608	22,9	1196	17,	772	11,
66	2093	29,9	1633	23,3	1213	17,3	782	11,1
67	2126	30,3	1658	23,6	1230	17,5	792	11,3
68	2159	30,8	1682	24,	1247	17,8	801	11,4
69	2191	31,3	1706	24,3	1264	18,	810	11,5
70	2223	31,7	1730	24,7	1280	18,2	819	11,7
71	2255	32,2	1753	25,	1296	18,5	828	11,8
72	2286	32,6	1776	25,3	1312	18,7	837	11,9
73	2317	33,1	1799	25,7	1328	18,9	846	12,
74	2347	33,5	1822	26,	1344	19,2	855	12,2
75	2377	33,9	1844	26,3	1360	19,4	864	12,3
76	2406	34,3	1866	26,6	1376	19,6	872	12,4
77	2435	34,7	1888	26,9	1391	19,8	880	12,5
78	2463	35,1	1909	27,2	1406	20,	888	12,6
79	2491	35,5	1930	27,5	1421	20,3	896	12,8
80	2518	35,9	1951	27,8	1436	20,5	904	12,9
81	2545	36,3	1971	28,1	1451	20,7	912	13,
82	2571	36,7	1991	28,4	1465	20,9	920	13,1
83	2597	37,1	2011	28,7	1479	21,1	928	13,2
84	2623	37,4	2030	29,	1493	21,3	936	13,3
85	2649	37,8	2049	29,2	1507	21,5	944	13,4
86	2674	38,2	2068	29,5	1521	21,7	952	13,6
87	2699	38,5	2087	29,8	1534	21,9	959	13,7
88	2724	38,9	2015	30,	1547	22,1	966	13,8
89	2749	39,2	2123	30,3	1560	22,2	973	13,9
90	2774	39,6	2141	30,5	1573	22,4	980	14,

Jahre	II. Bodenklasse		III. Bodenklasse		IV. Bodenklasse		V. Bodenklasse	
	Kubikfuß	Klafter	Kubikfuß	Klafter	Kubikfuß	Klafter	Kubikfuß	Klafter
91	2798	39,9	2159	30,8	1585	22,6	987	14,1
92	2822	40,3	2177	31,1	1597	22,8	994	14,2
93	2846	40,6	2195	31,3	1609	22,9	1001	14,3
94	2869	40,9	2212	31,6	1621	23,1	1008	14,4
95	2892	41,3	2229	31,8	1633	23,3	1015	14,5
96	2915	41,6	2246	32,	1645	23,5	1022	14,6
97	2938	41,9	2263	32,3	1657	23,6	1029	14,7
98	2961	42,3	2280	32,5	1669	23,8	1035	14,7
99	2983	42,6	2297	32,8	1680	24,	1041	14,8
100	3005	42,9	2314	33,	1691	24,1	1047	14,9
101	3027	43,2	2331	33,3	1702	24,3	1053	15,
102	3049	43,5	2347	33,5	1713	24,4	1059	15,1
103	3070	43,8	2363	33,7	1724	24,6	1065	15,2
104	3091	44,1	2379	33,9	1735	24,7	1071	15,3
105	3112	44,4	2395	34,2	1746	24,9	1077	15,3
106	3133	44,7	2411	34,4	1757	25,1	1083	15,4
107	3154	45,	2427	34,6	1768	25,2	1089	15,5
108	3174	45,3	2443	34,9	1779	25,4	1094	15,6
109	3194	45,6	2459	35,1	1789	25,5	1099	15,7
110	3214	45,9	2774	35,3	1799	25,7	1104	15,7
111	3234	46,2	2489	35,5	1809	25,8	1109	15,8
112	3254	46,4	2504	35,7	1819	25,9	1114	15,9
113	3273	46,7	2519	35,9	1829	26,1	1119	15,9
114	3292	47,	2534	36,2	1839	26,2	1124	16,
115	3311	47,3	2549	36,4	1849	26,4	1129	16,1
116	3330	47,5	2563	36,6	1858	26,5	1134	16,2
117	3348	47,8	2577	36,8	1867	26,6	1139	16,2
118	3366	48,	2591	37,	1876	26,8	1144	16,3
119	3384	48,3	2605	37,2	1884	26,9	1149	16,4
120	3402	48,6	2619	37,4	1892	27,	1154	16,4

Jahre	II. Bodenklasse		III. Bodenklasse		IV. Bodenklasse	
	Kubikfuß	Klafter	Kubikfuß	Klafter	Kubikfuß	Klafter
121	3419	48,8	2633	37,6	1901	27,1
122	3436	49,	2647	37,8	1910	27,2
123	3453	49,3	2661	38,	1919	27,4
124	3469	49,5	2675	38,2	1928	27,5
125	3485	49,7	2689	38,4	1937	27,6
126	3501	50,	2703	38,6	1945	27,7
127	3517	50,2	2717	38,8	1953	27,9
128	3532	50,4	2730	39,	1961	28,
129	3547	50,6	2743	39,1	1969	28,1
130	3562	50,8	2756	39,3	1976	28,2
131	3576	51,	2762	39,5		
132	3590	51,2	2780	39,7		
133	3604	51,4	2792	39,8		
134	3618	51,6	2804	40,		
135	3632	51,8	2815	40,2		
136	3645	52,	2826	40,3		
137	3658	52,2	2837	40,5		
138	3671	52,4	2848	40,6		
139	3684	52,6	2859	40,8		
140	3696	52,8	2870	41,		
141	3708	52,9	2881	41,1		
142	3720	53,1	2892	41,3		
143	3732	53,3	2903	41,4		
144	3744	53,4	2913	41,6		
145	3756	53,6	2923	41,7		
146	3767	53,8	2933	41,9		
147	3778	53,9	2943	42,		
148	3789	54,1	2952	42,1		
149	3800	54,2	2961	42,3		
150	3810	54,4	2970	42,4		

Entwickelung

des Abnutzungssatzes für die I. Periode von 1868—1887

für den Rittergutsforst von Grünwald.

1. Der Abnutzungssatz der I. 20jähr. Periode beträgt
   a) an Haupt- ⎫ Nutzungen   4963 ⎫ Massenklaftern
   b) an Zwischen- ⎭   723 ⎭   à 70 C'

   Summa 5686 = 398,020 C'

2. Mithin der einjährige Abnutzungssatz $\frac{1}{20}$ 284 = 19,901 C'

3. Nachdem im Durchschnitt der letzten 6
   Jahre erfolgten Sortiments-Procent-Ver-
   hältnisse erfolgen   30% Nutzholz 84×80 C' =   6,720 C'
                         60% Kloben 172×75 C' = 12,900 C'
                         10% Knüppel 28×60 C' = 1,680 C'

   Summa 284 Klftr.   21,300 C' Derbholz

4. Außerdem sind an Nicht-Derbholz
   zu erwarten
   a) an Stockholz vom Derbholz 20% 56 Klftr. $\times 40$ C' = 2240 C' ⎫ 2940 Nicht
   b) an Reisig   =   =   10% 28   = $\times 25$ C' = 700 C' ⎭ Derbholz

   Summa 24,240 C'

Genereller Hauungs-Plan

für den Rittergutsforst von Grünwald

auf die Jahre 1868—1877.

Die jährliche Material-Abnutzung für diesen Zeitraum soll betragen in der I. Periode im 1. Decennium

Kiefern 84 Klftr. Nutz- ⎫   ⎫ 284 Klftr.   21,300 C'
         172   = Kloben- ⎬ Holz   ⎪
          28   = Knüppel- ⎭   ⎬
          56   = Stock-   ⎪ 84   =   2,940 C'
          28   = Reisig-   ⎭

                                    368 Klftr.   24,240 C'

Nach dem Betriebsplan beträgt die Abtriebsfläche für diesen Zeitraum durchschnittlich für ein Jahr $= \frac{202}{20} = 10$ Morgen.

Block	Waldtheil oder Parzelle und Schutzbezirk	Jagen	Schlag	Abtheilung	Flächen-Inhalt der Durchforstungsfläche	Flächen-Inhalt der Abtriebsfläche	Specielle Beschreibung des Betriebes.	Bemerkungen im Laufe des 10jährigen Zeitraums.
Nᵒ.		Nᵒ.	Nᵒ.	Lit.	Mrg.	Mrg.		
I	Grünwalder Forst.	1	.	a	45	.	Durchforstung.	
		.	.	b	14	.	desgl.	
		3	.	.	76	.	desgl.	
		4	.	a	29	.	desgl.	
		.	.	b	61	.	desgl.	
		8	.	a	5	.	Zwischen = Nutzung an Trockniß.	
		.	.	b	20	.	desgl.	
		.	.	c	23	.	desgl.	
		.	.	d	19	.	desgl.	
		.	.	e	19	.	desgl.	
		.	.	f	.	11	Abtrieb in schmalen Streifen.	
		9	.	a	50	.	Durchforstung.	
		.	.	b	20	.	desgl.	
		.	.	c	30	.	desgl.	
		12	.	a	20	.	Zwischen = Nutzung an Trockniß.	
		13	.	b				
		20	.	a	.	85	Abtrieb in schmalen Streifen.	
		15	.	b				
		21	.	b				
	Summa in 10 Jahren				429	96		
	daher 1 Jahr				43	9,9	oder ca. 10 Morgen.	

An Durchforstung und Trockniß ist in der I. Periode vorhanden eine Fläche von 866 Mrg.

daher Jahresfläche $\frac{866}{20} = 43$ Mrg.

Anlage E.

Cubik-Tabelle für runde Hölzer.

Der Umfang ist circa gleich dem dreifachen Durchmesser, (etwas größer).

Länge Fuß.	Durchmesser Zoll.									Durchmesser Zoll.									Länge Fuß.
	3	4	5	6	7	8	9	10	11	3	4	5	6	7	8	9	10	11	
1	·	·	·	·	·	·	·	1	1	2	3	5	7	10	13	16	20	24	36
2	·	·	·	·	·	1	1	1	1	2	3	5	7	10	13	16	20	24	37
3	·	·	·	1	1	1	1	2	2	2	3	5	7	10	13	17	21	25	38
4	·	·	1	1	1	1	2	2	3	2	3	5	8	10	14	17	21	26	39
5	·	·	1	1	1	2	2	3	3	2	3	5	8	11	14	18	22	26	40
6	·	1	1	1	2	2	3	3	4	2	4	6	8	11	14	18	22	27	41
7	·	1	1	1	2	2	3	4	5	2	4	6	8	11	15	19	23	28	42
8	·	1	1	2	2	3	4	4	5	2	4	6	8	11	15	19	23	28	43
9	·	1	1	2	2	3	4	5	6	2	4	6	9	12	15	19	24	29	44
10	·	1	1	2	3	3	4	5	7	2	4	6	9	12	16	20	25	30	45
11	1	1	1	2	3	4	5	6	7	2	4	6	9	12	16	20	25	30	46
12	1	1	2	2	3	4	5	7	8	2	4	6	9	13	16	21	26	31	47
13	1	1	2	3	3	5	6	7	9	2	4	7	9	13	17	21	26	32	48
14	1	1	2	3	4	5	6	8	9	2	4	7	10	13	17	22	27	32	49
15	1	1	2	3	4	5	7	8	10	2	4	7	10	13	17	22	27	33	50
16	1	1	2	3	4	6	7	9	11	3	4	7	10	14	18	23	28	34	51
17	1	1	2	3	5	6	8	9	11	3	5	7	10	14	18	23	28	34	52
18	1	2	2	4	5	6	8	10	12	3	5	7	10	14	19	23	29	35	53
19	1	2	3	4	5	7	8	10	13	3	5	7	11	14	19	24	29	36	54
20	1	2	3	4	5	7	9	11	13	3	5	7	11	15	19	24	30	36	55
21	1	2	3	4	6	7	9	11	14	3	5	8	11	15	20	25	31	37	56
22	1	2	3	4	6	8	10	12	15	3	5	8	11	15	20	25	31	38	57
23	1	2	3	5	6	8	10	13	15	3	5	8	11	16	20	26	32	38	58
24	1	2	3	5	6	8	11	13	16	3	5	8	12	16	21	26	32	39	59
25	1	2	3	5	7	9	11	14	16	3	5	8	12	16	21	27	33	40	60
26	1	2	4	5	7	9	11	14	17	3	5	8	12	16	21	27	33	40	61
27	1	2	4	5	7	9	12	15	18	3	5	8	12	17	22	27	34	41	62
28	1	2	4	5	7	10	12	15	18	3	5	9	12	17	22	28	34	42	63
29	1	3	4	6	8	10	13	16	19	3	6	9	13	17	22	28	35	42	64
30	1	3	4	6	8	10	13	16	20	3	6	9	13	17	23	29	35	43	65
31	2	3	4	6	8	11	14	17	20	3	6	9	13	18	23	29	36	44	66
32	2	3	4	6	9	11	14	17	21	3	6	9	13	18	23	30	37	44	67
33	2	3	4	6	9	12	15	18	22	3	6	9	13	18	24	30	37	45	68
34	2	3	5	7	9	12	15	19	22	3	6	9	14	18	24	30	38	46	69
35	2	3	5	7	9	12	15	19	23	3	6	10	14	19	24	31	38	46	70

Bemerkung: Der Raumersparniß wegen, sind nur volle Zolle angegeben. Die wohlfeilen Stahl'schen Cubiktabellen für runde Hölzer und die Cubiktabelle jedes Kgl. Preuß. Forstbeamten geben auch halbe Zolle an. — Gewisse Zahlen muß jeder Forstmann im Kopfe haben. z. B.:

1 Stamm mit 13½″ mittl. Durchmesser hat soviel Cubik= als Längenfuß

60′ 13½″ = 60′

30′ 13½″ = 30′

Länge. Fuß	Durchmesser Zoll.									Durchmesser Zoll.									Länge. Fuß
	12	13	14	15	16	17	18	19	20	12	13	14	15	16	17	18	19	20	
1	1	1	1	1	1	2	2	2	2	28	33	38	44	50	57	64	71	75	36
2	2	2	2	2	3	3	4	4	4	29	34	40	45	52	58	65	73	77	37
3	2	3	3	4	4	5	5	6	7	30	35	41	47	53	60	67	75	79	38
4	3	4	4	5	6	6	7	8	9	31	36	42	48	54	61	69	77	81	39
5	4	5	5	6	7	8	9	10	11	31	37	43	49	56	63	71	79	83	40
6	5	6	6	7	8	9	11	12	13	32	38	44	50	57	65	72	81	89	41
7	5	6	7	9	10	11	12	14	15	33	39	45	52	59	66	74	83	92	42
8	6	7	9	10	11	13	14	16	17	34	40	46	53	60	68	76	85	94	43
9	7	8	10	11	13	14	16	18	20	35	41	47	54	61	69	78	87	96	44
10	8	9	11	12	14	16	18	20	22	35	41	48	55	63	71	80	89	98	45
11	9	10	12	13	15	17	19	22	24	36	42	49	56	64	73	81	91	100	46
12	9	11	13	15	17	19	21	24	26	37	43	50	58	66	74	83	93	103	47
13	10	12	14	16	18	20	23	26	28	38	44	51	59	67	76	85	95	105	48
14	11	13	15	17	20	22	25	28	31	38	45	52	60	68	77	87	96	107	49
15	12	14	16	18	21	24	27	30	33	39	46	53	61	70	79	88	98	109	50
16	13	15	17	20	22	25	28	32	35	40	47	55	63	71	80	90	100	111	51
17	13	16	18	21	24	27	30	33	37	41	48	56	64	73	82	92	102	113	52
18	14	17	19	22	25	28	32	35	39	42	49	57	65	74	84	94	104	116	53
19	15	18	20	23	27	30	34	37	41	42	50	58	66	75	85	95	106	118	54
20	16	18	21	25	28	32	35	39	44	43	51	59	67	77	87	97	108	120	55
21	16	19	22	26	29	33	37	41	46	44	52	60	69	78	88	99	110	122	56
22	17	20	24	27	31	35	39	43	48	45	53	61	70	80	90	101	112	124	57
23	18	21	25	28	32	36	41	45	50	46	53	62	71	81	91	103	114	127	58
24	19	22	26	29	34	38	42	47	52	46	54	63	72	82	93	104	116	129	59
25	20	23	27	31	35	39	44	49	55	47	55	64	74	84	95	106	118	131	60
26	20	24	28	32	36	41	46	51	57	48	56	65	75	85	96	108	120	133	61
27	21	25	29	33	38	43	48	53	59	49	57	66	76	87	98	110	122	135	62
28	22	26	30	34	39	44	49	55	61	49	58	67	77	88	99	111	124	137	63
29	23	27	31	36	40	46	51	57	63	50	59	68	79	89	101	113	126	140	64
30	24	28	32	37	42	47	53	59	65	51	60	69	80	91	102	115	128	141	65
31	24	29	33	38	43	49	55	61	68	52	61	71	81	92	104	117	130	144	66
22	25	29	34	39	45	50	57	63	70	53	62	72	82	94	106	118	132	146	67
33	26	30	35	40	46	52	58	65	72	53	63	73	83	95	107	120	134	148	68
34	27	31	36	42	47	54	60	67	74	54	64	74	85	96	109	122	136	151	69
35	27	32	37	43	49	55	62	69	76	55	65	75	86	98	110	124	138	153	70

1 Stamm mit 9½'' Durchmesser hat halb soviel Cubik= als Längenfuß

$$40'\ 9\tfrac{1}{2}'' = 20\,\mathfrak{C}'$$
$$70'\ 9\tfrac{1}{2}'' = 35\,\mathfrak{C}'$$

Das Messen des Durchmessers mit der Kluppe hat nur die Bequemlichkeit für, aber die Genauigkeit und Theorie gegen sich. Man mißt Länge und Durchmesser incl. Rinde auf der mit einer Platte bezeichneten Mitte. Ein Bruchtheil unter ½ bleibt fort. Breit=

Länge Fuß	Durchmesser Zoll.								Durchmesser Zoll.								Länge Fuß
	21	22	23	24	25	26	27	28	21	22	23	24	25	26	27	28	
1	2	3	3	3	3	4	4	4	87	95	104	113	123	133	143	154	36
2	5	5	6	6	7	7	8	9	89	98	107	116	126	136	147	158	37
3	7	8	9	9	10	11	12	13	91	100	110	119	130	140	151	162	38
4	10	11	12	13	14	15	16	17	94	103	113	123	133	144	155	167	39
5	12	13	14	16	17	18	20	21	96	106	115	126	136	147	159	171	40
6	14	16	17	19	20	22	24	26	99	108	118	129	.	.	.	.	41
7	17	18	20	22	24	26	28	30	101	111	121	132	.	.	.	.	42
8	19	21	23	25	27	29	32	34	103	114	124	135	.	.	.	.	43
9	22	24	26	28	31	33	36	38	106	116	127	138	.	.	.	.	44
10	24	26	29	31	34	37	40	43	108	119	130	141	.	.	.	.	45
11	26	29	32	35	37	41	44	47	111	121	133	145	.	.	.	.	46
12	29	32	35	38	41	44	48	51	113	124	136	148	.	.	.	.	47
13	31	34	38	41	44	48	52	56	115	127	138	151	.	.	.	.	48
14	34	37	40	44	48	52	56	60	118	129	141	154	.	.	.	.	49
15	36	40	43	47	51	55	60	64	120	132	144	157	.	.	.	.	50
16	38	42	46	50	55	59	64	68	123	135	147	160	.	.	.	.	51
17	41	45	49	53	58	63	68	73	125	137	150	163	.	.	.	.	52
18	43	48	52	57	61	66	72	77	127	140	153	167	.	.	.	.	53
19	46	50	55	60	65	70	76	81	130	143	156	170	.	.	.	.	54
20	48	53	58	63	68	74	80	86	132	145	159	173	.	.	.	.	55
21	51	55	61	66	72	77	83	90	135	148	162	176	.	.	.	.	56
22	53	58	63	69	75	81	87	94	137	150	164	179	.	.	.	.	57
23	55	61	66	72	78	85	91	98	140	153	167	182	.	.	.	.	58
24	58	63	69	75	82	88	95	103	142	156	170	185	.	.	.	.	59
25	60	66	72	79	85	92	99	107	144	158	173	188	.	.	.	.	60
26	63	69	75	82	89	96	103	111	147	161	176	192	.	.	.	.	61
27	65	71	78	85	92	100	107	115	149	164	179	195	.	.	.	.	62
28	67	74	81	88	95	103	111	120	152	166	182	198	.	.	.	.	63
29	70	77	84	91	99	107	115	124	154	169	185	201	.	.	.	.	64
30	72	79	87	94	102	111	119	128	156	172	188	204	.	.	.	.	65
31	75	82	89	97	106	114	123	133	159	174	190	207	.	.	.	.	66
32	77	84	92	101	109	118	127	137	161	177	193	210	.	.	.	.	67
33	79	87	95	104	112	122	131	141	164	180	196	214	.	.	.	.	68
34	82	90	98	107	116	125	135	145	166	182	199	217	.	.	.	.	69
35	84	92	101	110	119	129	139	150	168	185	202	220	.	.	.	.	70

gemeſſene Stämme mißt man keuzweiſe, Stämme mit Äſten und Wulſten in der Mitte, gleich weit ober= und unterhalb und nimmt das Mittel.

Ein Stamm z. B. 40′ 12″ wird ohne Tafeln am leichteſten berechnet, wenn man das Quadrat des Durchmeſſers mit der Länge multiplicirt und durch 183 dividirt

Länge Fuß.	Durchmesser Zoll.							
	29	30	31	32	33	34	35	36
1	5	5	5	6	6	6	7	7
2	9	10	10	11	12	13	13	14
3	14	15	16	17	18	19	20	21
4	18	20	21	22	24	25	27	28
5	23	25	26	28	30	32	33	35
6	28	29	31	34	36	38	40	42
7	32	34	37	39	42	44	47	49
8	37	39	42	45	48	50	53	57
9	41	44	47	50	53	57	60	64
10	46	49	52	56	59	63	67	71
11	50	54	58	61	65	69	73	78
12	55	59	63	67	71	76	80	85
13	60	64	68	73	77	82	87	92
14	64	69	73	78	83	88	94	99
15	69	74	79	84	89	95	100	106
16	73	79	84	89	95	101	107	113
17	78	83	89	95	101	107	114	120
18	83	88	94	101	107	113	120	127
19	87	93	100	106	113	120	127	134
20	92	98	105	112	119	126	134	141
21	96	103	110	117	125	132	140	148
22	101	108	115	123	131	139	147	156
23	105	113	121	128	137	145	154	163
24	110	118	126	134	143	151	160	170
25	115	123	131	140	148	158	167	177
26	119	128	136	145	154	164	174	184
27	124	133	142	151	160	170	180	191
28	128	137	147	156	166	177	187	198
29	133	142	152	162	172	183	194	205
30	138	147	157	168	178	189	200	212
31	142	152	162	173	184	195	207	219
32	147	157	168	179	190	202	214	226
33	151	162	173	184	196	208	220	233
34	156	167	178	190	202	214	227	240
35	161	172	183	195	208	221	234	247

Durchmesser Zoll.								Länge Fuß.
29	30	31	32	33	34	35	36	
165	177	189	201	214	227	241	254	36
170	182	194	207	220	233	247	262	37
174	187	199	212	226	240	254	269	38
179	191	204	218	232	246	261	276	39
183	196	210	223	238	252	267	283	40

$$\text{also: } 12.\ 12 = 144.\ 40 = \frac{5760}{183} = 31\tfrac{1}{2}\ \mathfrak{C}'$$

$$\text{Ein Stamm } 60'\ 8\tfrac{1}{2}'' = 72\tfrac{1}{4}.\ 60 = \frac{4335}{183} = 24\ \mathfrak{C}'$$

Anlage F.

Genereller Culturplan

für den Rittergutsforst von Grünwald

auf die Jahre 1868—1877. (I. Decennium)

Die ganze während der I. 20jährigen Periode zu kultivirende Fläche beträgt 333 Mrg. Kiefern.

Block №	Waldtheil oder Parzelle und Schutzbezirk.	Jagen №	Schlag №	Abtheilung Lit.	Flächeninhalt Mrg.	Beschreibung der vorzunehmenden Culturen.	Bemerkungen im Laufe des jährigen Zeitraums.
1.	Rittergutsforst Grünwald	8		f	11	Nach dem Abtriebe Kiefernanbau.	
		13		b	-85	desgl.	
		20		a		Nachbesserung der Fehlstellen in den älteren Culturen der einzelnen Jagen incl. der Nachbesserung von 8. f. und 13. b. 2c. wenn sie erforderlich sein sollte durch Pflanzung einjähriger Kiefern, da Ballen nicht halten.	
		15		b	67		
		21		b			
					3	Kiefernsaatkamp, Durchschnitt jährlich ¼ Mrg.	
	auf 10 Jahre				166		
	auf 1 Jahr				16,6		
	auf 20 Jahre				333	wie umstehend vermerkt.	

Ermittelung des durchschnittlichen Culturbedarfs für die Jahre
1868 bis 1877.

1. 96 Morgen Kiefernsaaten in Waldpflugfurchen als Neuanlagen à 2½ Thlr. (incl. Saamen) .... 240 Thlr. 15 Sgr.
2. 67 „ Nachbesserungen à 3 Thlr. durch Pflanzung .. 201 „ — „
3. 3 „ Kiefernsaatkämpe à 35 Thlr. .... 105 „ — „
4. Für Bewährungen, Wege, Culturgeräthe u. Insgemein 250 „ — „

166 Morgen   auf 10 Jahre   796 Thlr. 15 Sgr.

auf 1 Jahr   79½ Thlr. Culturgelderbedarf.

Anlage G.

Holzertrag der 6 Perioden
des
Grünwalder Gutsforstes
nach den Pfeil'schen Erfahrungstafeln berechnet.
Behufs Werthberechnung desselben.
(Conf. Anlage H.)

Jagen	Abtheilung	Alter	Periode I	II	III	IV	V	VI (Morgen)	Klafter pro Morgen	Periode I	II	III	IV	V	VI (Summa Klafter)	Bemerkung.
1	a	110	.	.	32	.	.	.	35,3	.	.	1129,6	.	.	.	
	b	115	.	.	11	.	.	.	36,4	.	.	400,4	.	.	.	
2	a	109	.	.	.	.	46	.	35,1	.	.	.	.	1614,6	.	
	b	117	.	.	.	.	14	.	36,8	.	.	.	.	515,2	.	
3	.	120	.	.	.	45	.	.	37,4	.	.	.	1673,0	.	.	
4	a	120	.	.	.	15	.	.	37,4	.	.	.	561,0	.	.	
	b	125	.	.	.	55	.	.	38,4	.	.	.	2057,0	.	.	
5	.	95	.	.	.	.	68	.	31,8	.	.	.	.	2162,4	.	
6	a	.	.	.	.	.	.	.	.	.	.	.	.	.	.	} werden nicht genützt im I. Umtriebe.
	b	.	.	.	.	.	.	.	.	.	.	.	.	.	.	
	c	.	.	.	.	.	.	.	.	.	.	.	.	.	.	
7	.	115	.	.	.	.	36	.	36,4	.	.	.	.	1310,4	.	
8	a	125	.	3	.	.	.	.	38,4	.	115,2	.	.	.	.	
	b	120	.	14	.	.	.	.	37,4	.	523,6	.	.	.	.	
	c	100	.	13	.	.	.	.	33,0	.	429,0	.	.	.	.	
	d	95	.	14	.	.	.	.	31,8	.	445,2	.	.	.	.	
	e	130	.	9	.	.	.	.	39,3	.	323,7	.	.	.	.	
	f	120	6	.	.	.	.	.	37,4	.	.	.	.	.	.	
9	a	95	.	.	22	.	.	.	31,8	.	.	699,6	.	.	.	Die I. Periode ist am Schluß der speciellen Beschreibung bereits ausgeworfen und unterbleibt hier die Berechnung.
	b	105	.	.	18	.	.	.	34,2	.	.	615,6	.	.	.	
	c	110	.	.	24	.	.	.	35,3	.	.	847,2	.	.	.	
10	a	119	.	.	.	.	.	92	31,1	.	.	.	.	.	2861,2	
	b	.	.	.	.	.	.	.	.	.	.	.	.	.	.	geht durch.
	c	127	.	.	.	.	.	6	38,8	.	.	.	.	.	232,8	
	d	110	.	.	.	.	.	5	35,3	.	.	.	.	.	176,5	
Latus			6	53	107	115	164	103	.	.	1836,7	3692,4	4291,0	5602,6	3270,5	

Jagen	Abtheilung	Alter	I	II	III	IV	V	VI	Klafter pro Morgen	I	II	III	IV	V	VI	Bemerkung
						Morgen						Summa	Klafter.			
	Transp.		6	53	107	115	164	103		.	1836,7	3692,4	4291,0	5602,6	3270,5	
11	a	130	.	43	.	.	.	.	39,3	.	1689,9	.	.	.	.	
	b	120	.	27	.	.	.	.	37,4	.	1009,8	.	.	.	.	
12	a	120	.	13	.	.	.	.	37,4	.	486,2	.	.	.	.	
	b	100	.	7	.	.	.	.	33,0	.	231,0	.	.	.	.	
	c	90	.	7	.	.	.	.	30,5	.	213,5	.	.	.	.	
13	a	.	.	.	.	.	.	.	.	.	.	.	.	.	.	geht durch.
	b	105	51	.	.	.	.	.	34,2	.	.	.	.	.	.	conf. 8 f.
14	a	118	.	.	.	54	.	.	37,0	.	.	.	1998,0	.	.	
	b	125	.	.	.	3	.	.	38,4	.	.	.	115,2	.	.	
	c	110	.	.	.	27	.	.	35,3	.	.	.	953,1	.	.	
15	a	125	.	.	.	.	.	15	38,4	.	.	.	.	.	576,0	
	b	110	62	.	.	.	.	62	35,3	.	.	.	.	.	2188,6	conf. 8 f.
	c	130	.	.	.	.	.	10	39,3	.	.	.	.	.	393,0	
16	a	130	15	.	.	.	.	.	39,3	.	.	.	.	.	.	
	b	105	18	.	.	.	.	.	34,2	.	.	.	.	.	.	
	c	135	22	.	.	.	.	.	40,2	.	.	.	.	.	.	} conf. 8 f.
17	a	115	.	.	10	.	.	.	36,4	.	.	364,0	.	.	.	
	b	100	.	.	27	.	.	.	33,0	.	.	891,0	.	.	.	
	c	125	.	.	10	.	.	.	38,4	.	.	384,0	.	.	.	
18	a	115	.	.	11	.	.	.	36,4	.	.	400,4	.	.	.	
	b	120	.	.	6	.	.	.	37,4	.	.	224,4	.	.	.	
	c	120	.	.	7	.	.	.	37,4	.	.	261,8	.	.	.	
19		120	.	17	.	.	.	.	37,4	.	635,8	.	.	.	.	
20	a	130	15	.	.	.	.	.	39,3	.	.	.	.	.	.	conf. 8 f.
	b	125	.	51	.	.	.	.	38,4	.	1958,4	.	.	.	.	
21	a	110	.	.	.	.	19	.	35,3	.	.	.	.	670,7	.	
	b	130	13	.	.	.	13	.	39,3	.	.	.	.	510,9	.	conf. 8 f.
	Summa		202	218	178	199	196	190	.		8061,3	6218,0	7357,3	6784,2	6428,1		

I. P. nach der speziellen Beschreibung

     Haupt=Nutzung 4963 ⎫
    Zwischen= „ 723 ⎭

      I. P. 5686

Waldwerth-Berechnung
des
Ritterguts-Forstes von Grünwald.

1.	2.	3.					5.	6.	7.	8.	9.	10.
		Kiefern.							Die			
		Derbholz							Nutzung	Discon-		
Ord= nungs= Nr.	Periode	30% Nutzholz à 7 Thlr.	60% Kloben à 4 Thlr.	10% Knüppel à 3 Thlr.	Reisig à 1 Thlr.	Stock à ⅔ Thlr.	Summa Klaftern (Derb= holz)	Werth in Mitte der Periode. Thlr.	geht ein in Jahren	tirungs= Factor 3%	Jetzt= werth Thlr.	Bemerkungen.
1.	I.	1707	3410	569	569	1138	5686	28,444	10	0,7441	21165	Die Jetztwerthe sind auf die
2.	II.	2418	4837	806	806	1612	8061	40,573	30	0,4120	16716	Mitte der betreffenden Periode
3.	III.	1866	3730	622	622	1244	6218	31,299	50	0,2281	7139	des Abtriebs discontirt.
4.	IV.	2208	4413	736	736	1472	7357	37,033	70	0,1263	4677	An Stock sind 20%, an
5.	V.	2037	4068	679	679	1358	6784	34,152	90	0,0699	2387	Reiser 10% der Derbholzmasse
6.	VI.	1929	2856	643	643	1286	6428	32,356	110	0,0387	1172	ausgeworfen u. in den Taxen
		12165	24314	4055	4055	8110	40,534	203,857			53,256	für Derb=, Stock= und Reisig=
			40,534									holz nur der reelle Holzwerth
7.		Jagd= Rente 15 Thlr. à 3% giebt Capital 15×33⅓ = 500 ⎫										excl. Hauer= und Rückerlohn
8.		Streu= = 5 = à 5% = = 5×20 = 100 ⎭ · · · · · · · · ·									600	enthalten.
										Einnahme	52,656	
9.		Ausgaben für Förster, Culturen, Grundsteuer 367 Thlr. Rente à 5% giebt Capitalwerth 367×20									7,340	
											45,316	
10.		Rente von 39,731 Thlr. alle 120 Jahre eingehend = 45,316 × 0,0297 Capital · · · · · · · · ·									1,346	
									Summa Jetztwerth		46,662	
									oder pro Morgen ca.		28	

(Der Grünwalder Forst ist 1679 Morgen groß).

Anlage I.

Bauholz-Abzählungs-Tabelle
des Belaufs N.
pro 186 .

| Rechte Seite. | Bruch | Linke Seite. |

Jagen № 1.   **Einnahme.**   **Ausgabe.**

№ des Holzes.	Benennung der Holzart 2c.	Bau- und Nutzholz								№ des Holz-abfolge-Zettels.	Namen und Wohnort der Empfänger.	Tag des Holz-verkaufs.
		Stück.	Länge. Fuß.	Umfang. Zoll.	Ku-bik-Fuß.	Schock.	Ku-bik-Fuß.	Scheite. Klafter.	Borke. Klafter.			
1	Eichen Bauholz 1.a.	1	50	50	69	.	.	.	.			
2	do.	1	20	48	25	.	.	.	.			
3	do.	1	15	60	30	.	.	.	.			
4	do. Baumpfähle	.	.	.	.	1	30	.	.			
5	do. Klftr. Nutzholz	.	.	.	.	.	.	1	.			
6	do.	.	.	.	.	.	.	1	.			
7	do.	.	.	.	.	.	.	.	1/4			
	Eichen Summa	3	.	.	124	1	30	2	1/4			
8	Erlen Nutzholz 1.b.	1	15	36	11	.	.	.	.			
9	do.	1	10	48	13	.	.	.	.			
	Erlen Summa	2	.	.	24	.	.	.	.			
10	Kiefern Bauholz 1.a.	1	60	40	53	.	.	.	.			
11	do.	1	48	43	49	.	.	.	.			
12	do.	1	36	38	29	.	.	.	.			
13	do. Sageblock ...	1	24	60	48	.	.	.	.			
14	do.	1	15	59	29	.	.	.	.			
15	do.	1	12	43	12	.	.	.	.			
	Kiefern Summa	6			220	.	.	.	.			

2c.   2c.

Vermerk:

Das richtige Addiren großer Summen wird erleichtert, wenn man die Summen von 5 zu 5 herausrückt und letztere addirt, z. B.

```
        60
        90
        80
        35
       300
        80
        99
        84
        63
        99
       425 2c.
       ─────
       725
```

Abgenommen den 1. November 186 .

Der Oberförster   Der Förster
  N. N.   N. B.

Wiederholung.

	Stück.	Länge.	Umfang.	Ku-bik-Fuß.	Schock.	Ku-bik-Fuß.	Scheite.	Borke.
Eichen	3	.	.	124	1	30	2	1/4
Erlen	2	.	.	24	.	.	.	.
Kiefern	6	.	.	220	.	.	.	.

Vermerk:
Um bequem im Walde blättern zu können, muß die Tabelle Schmalfolio-Format haben.

Anlage K.

Brennholz-Abzählungs-Tabelle
des Belaufs N.
pro 186

| Linke Seite. | | Bruch | Rechte Seite. |

Jagen № 1. Einnahme. — Ausgabe.

№ des Holzes.	Benennung.	Brennholz Scheite.	Knüppel.	Stock.	Reiser à 40 C'	à 20 C' (Klafter)	№ des Holz-Verabfolge-Zettels.	Name und Wohnort der Empfänger.
1	Eichen 1.a. ……	1	.	.	.	.		
2	do. ……	1	.	.	.	.		
3	do. ……	.	1	.	.	.		
4	do. ……	.	1	.	.	.		
5	do. ……	.	.	1	.	.		
6	do. ……	.	.	.	½	.		
7	do. ……	.	.	.	.	1		
	Eichen Summa	2	2	1	½	1		
8	Erlen 1.b. ……	1	.	.	.	.		
9	do. gerückt à 2 Sgr.	.	1	.	.	.		
10	do.	.	.	.	.	½		
	Erlen Summa	1	1	.	.	½		
11	Kiefern 1.a. ……	1	.	.	.	.		
12	do. ……	1	.	.	.	.		
13	do. ……	1	.	.	.	.		
14	do. gerückt à 2 Sgr.	.	1	.	.	.		
15	do. do.	.	1	.	.	.		
16	do. do.	.	.	1	.	.		
17	do. do.	.	.	1	.	.		
18	do. do.	.	.	.	1	.		
19	do. do.	.	.	.	1	.		
20	do. do.	.	.	.	.	½		
21	do. do.	.	.	.	.	½		
	Kiefern Summa	3	2	2	2	1		
	ꝛc.	ꝛc.						

Vermerk:

Das Holz der Schläge wird zur Kostensparung gewöhnlich nicht abgerückt, sondern nur das Holz der Totalität (trockenes, Windbruch und Durchforstungsholz) um die Uebersicht zu erleichtern, und Diebstahl an kleinen Holz-Quantitäten zu verhüten. Es muß im Fall des Abrückens, dieß bei jeder Nummer kurz vermerkt werden, womöglich unter Angabe des Kostensatzes, wenn derselbe nicht gleich ist.

Abgenommen den 1. November 186

Der Oberförster
N. N.

Der Förster
A. B.

Wiederholung.

		Scheite	Knüppel	Stock	à 40 C'	à 20 C'
	Eichen a. ……	2	2	1	½	1
	Erlen b. ……	1	1	.	.	½
	Kiefern a. ……	3	2	2	2	1

Anlage L.

Forst=Verwaltung ....

Belauf ....

Soweit der Raum reicht, kann man mehre Jagen desselben Belaufs auf einen Lohnzettel setzen.

Wirthschafts=Jahr 186.........

Holzhauer-Lohnzettel

für den Holzhauermeister .... in ....

Ordnungs-Nr.	Jagen.	Abtheilung.	Holzart.	Bau- und Nutzholz Stück	Kubikfuß	Schock	Kubikfuß	in Klaftern	Borke (Klaftern)	Brennholz Kloben	Knüppel	Stubben	Reiser ohne Spitzen	Durchforstung	mit Spitzen	Stämmer- und Schlagerlöhne pro Einheit sgr.	pf.	im Ganzen Rt.	sgr.	pf.	Rückerlöhne pro Einheit sgr.	pf.	im Ganzen Rt.	sgr.	pf.
1	1	a	Eichen	3	124	.	.	.	.	.	.	.	.	.	.	.	1	.	10	4	.	.	.	.	.
2			Baum=Pfähle	.	.	1	30	.	.	.	.	.	.	.	.	5	.	.	5	.	.	.	.	.	.
3			Nutzholz	.	.	.	.	2	.	.	.	.	.	.	.	20	.	1	10	.	.	.	.	.	.
4			Borke	.	.	.	.	.	1/4	.	.	.	.	.	.	20	.	.	5	.	.	.	.	.	.
5			Kloben	.	.	.	.	.	.	2	.	.	.	.	.	15	.	1	.	.	.	.	.	.	.
6			Knüppel	.	.	.	.	.	.	.	2	.	.	.	.	12	.	.	24	.	.	.	.	.	.
7			Stubben	.	.	.	.	.	.	.	.	1	.	.	.	35	.	1	5	.	.	.	.	.	.
8			Reiser	.	.	.	.	.	.	.	.	.	1/2	.	.	8	.	.	4	.	.	.	.	.	.
9				.	.	.	.	.	.	.	.	.	.	.	1	4	.	.	4	.	.	.	.	.	.
10			Erlen	2	24	.	.	.	.	.	.	.	.	.	.	.	1	.	2	.	.	.	.	.	.
11			Kloben	.	.	.	.	.	.	1	.	.	.	.	.	12	.	.	12	.	.	.	.	.	.
12			Knüppel	.	.	.	.	.	.	.	1	.	.	.	.	10	.	.	10	.	2	.	.	2	.
13			Reiser	.	.	.	.	.	.	.	.	.	.	1/2	.	4	.	.	2	.	2	.	.	1	.
14			Kiefern	6	220	.	.	.	.	.	.	.	.	.	.	.	1	.	18	4	.	.	.	.	.
15			Kloben	.	.	.	.	.	.	3	.	.	.	.	.	12	.	1	6	.	.	.	.	.	.
16			Knüppel	.	.	.	.	.	.	.	2	.	.	.	.	10	.	.	20	.	2	.	.	4	.
17			Stubben	.	.	.	.	.	.	.	.	2	.	.	.	35	.	1	10	.	2	.	.	4	.
18			Reiser	.	.	.	.	.	.	.	.	.	2	.	.	8	.	.	16	.	2	.	.	4	.
19				.	.	.	.	.	.	.	.	.	.	.	1	4	.	.	4	.	.	.	.	2	.
			Summa	11	368	1	30	2	1/4	6	5	3	2½	.	2½	.	.	11	7	8			17		

Daß die vorstehend aufgeführten Holzquantitäten gestämmt, vorschriftsmäßig aufgear-beitet und resp. gerückt sind, bescheinigt.

Grünwald, den 1ten November 1867.

Der Förster.

Die Forst-Kasse wird hierdurch ersucht, den Betrag der umstehend berech=
neten Schlager- und Rückerlöhne mit .... Thlr. .... Sgr. .... Pf.,
buchstäblich:

an den Holzhauermeister .... in ....

gegen Quittung zu zahlen.

............................, den ....ten 186

Der Oberförster.

Vorstehende .... Thaler

.... Silbergroschen .... Pfennige

sind mir aus der Forst-Kasse zu .... richtig ausgezahlt,
worüber ich hiermit quittire.

............................, den ....ten 186

Anlage M.

Holz=Journal

über

Einnahme und Ausgabe

an

Nutz= und Brennholz

vom

Forst=Revier

für das Wirthschaftsjahr 186

geführt

von dem Oberförster (Revierförster, Förster).

Column groups: **Eichen** and **Buchen**, each split into *Bau- u. Nutzholz* (Stück, Kubikfuß, Schock, Kubikfuß) and *Brennholz* (Nußholz, Borke [Eichen only], Scheite, Knüppel, Stöcke, Reiser zu 40 Kubikfuß, Reiser zu 20 Kubikfuß — in Klafter). A further species group at the right edge is cut off (Bau-…, Stück, Kubikfuß).

Belaufswei…

Nr.	Datum	Jagen Abth.	E: Stück	E: Kubikfuß	E: Schock	E: Kubikfuß	E: Nußholz 80 c'	E: Borke 30	E: Scheite 75	E: Knüppel 60	E: Stöcke 40	E: Reiser z. 40	E: Reiser z. 20	B: Stück	B: Kubikfuß	B: Schock	B: Kubikfuß	B: Nußholz 80	B: Scheite 75	B: Knüppel 60	B: Stöcke 40	B: Reiser z. 40	B: Reiser z. 20	Stück	Kubikfuß
	Nach dem Hauungsplane sollen gehauen werden																								
	Es ist gehauen worden																								
1	Liq. 1/11 1867 (Schlag)	1. a	3	124	1	30	2	¼	2	2	1	½	1	·	·	·	·	·	·	·	·	·	·	2	24
2	20/11 Totalität	3. 4	·	·	·	·	·	·	·	·	·	·	·	·	·	·	·	·	·	·	·	·	·	·	·
3	1/12 „	5. 6	·	·	·	·	·	·	·	·	·	·	·	·	·	·	·	·	·	·	·	·	·	·	·
	Summa Vorquartal	.	3	124	1	30	2	¼	2	2	1	½	1	·	·	·	·	·	·	·	·	·	·	2	24
4	5/1 Totalität	7. 8	·	·	·	·	·	·	·	·	·	·	·	·	·	·	·	·	·	·	·	·	·	·	·
5	6/2 „	9	·	·	·	·	·	·	·	·	·	·	·	·	·	·	·	·	·	·	·	·	·	·	·
	Summa I. Quartal .	.	3	124	1	30	2	¼	2	2	1	½	1	·	·	·	·	·	·	·	·	·	·	2	24
6	6/3 Totalität......	10	·	·	·	·	·	·	·	·	·	·	·	·	·	·	·	·	·	·	·	·	·	·	·
	II. Quartal	.	3	124	1	30	2	¼	2	2	1	½	1	·	·	·	·	·	·	·	·	·	·	2	24
7	9/3 Totalität	11	·	·	·	·	·	·	·	·	·	·	·	·	·	·	·	·	·	·	·	·	·	·	·
	III. Quartal		3	124	1	30	2	¼	2	2	1	½	·	·	·	·	·	·	·	·	·	·	·	·	2	24

A u

Nr.	Datum	Jagen Abth.	E: Stück	E: Kubikfuß	E: Schock	E: Kubikfuß	E: Nußholz 80 c'	E: Borke 30	E: Scheite 75	E: Knüppel 60	E: Stöcke 40	E: Reiser z. 40	E: Reiser z. 20	B: Stück	B: Kubikfuß	B: Schock	B: Kubikfuß	B: Nußholz 80	B: Scheite 75	B: Knüppel 60	B: Stöcke 40	B: Reiser z. 40	B: Reiser z. 20	Stück	Kubikfuß
1	Versteigerung 17/10 .		3	124	1	30	2	¼	2	2	1	½	1	·	·	·	·	·	·	·	·	·	·	2	24
2	Deputat		·	·	·	·	·	·	·	·	·	·	·	·	·	·	·	·	·	·	·	·	·	·	·
	Vorquartal		3	124	1	30	2	¼	2	2	1	½	1	·	·	·	·	·	·	·	·	·	·	2	24
3	Verkaufsliste Januar		·	·	·	·	·	·	·	·	·	·	·	·	·	·	·	·	·	·	·	·	·	·	·
	I. Quartal		3	124	1	30	2	¼	2	2	1	½	1	·	·	·	·	·	·	·	·	·	·	2	24
4	Verst. 2/2		·	·	·	·	·	·	·	·	·	·	·	·	·	·	·	·	·	·	·	·	·	·	·
	II. Quartal		3	124	1	30	2	¼	2	2	1	½	1	·	·	·	·	·	·	·	·	·	·	2	24
5	Verst. 1/7		·	·	·	·	·	·	·	·	·	·	·	·	·	·	·	·	·	·	·	·	·	·	·
	III. Quartal		3	124	1	30	2	¼	2	2	1	½	1	·	·	·	·	·	·	·	·	·	·	2	24

...ahme.

Belauf Grünwald I.

Birken u. Erlen — Nutzholz · Kubikfuß	Nutzholz (80)	Borke (30)	Brennholz · Scheite (75)	Knüppel (60)	Stöcke (40)	Reiser zu 40 Kubikfuß	Reiser zu 20 Kubikfuß	Kiefern — Bau- u. Nutzholz · Stück	Kubikfuß	Schock	Kubikfuß	Brennholz · Nutzholz (80)	Scheite (75)	Knüppel (60)	Stöcke Stubben (40)	Stöcke Kiehn (40)	Reiser zu 40 Kubikfuß	Reiser zu 20 Kubikfuß	Summa an Derbholz (Kubikfuß)	Ueberhaupt (Kubikfuß)	Hauerlohn Thlr.	Sgr.	Pf.	Rückerlohn Thlr.	Sgr.	Pf.
.	.	.	1	1	.	.	½	6	220	.	.	.	3	2	2	.	2	1	.	.	11	7	8	17	.	.
.	.	.	.	.	.	.	.	2	80	.	.	.	5	4	1	.	3	2	.	.	5	3	3	.	.	.
.	.	.	.	.	.	.	.	1	40	.	.	.	3	2	2	.	4	1	.	.	2	4	6	.	.	.
.	.	.	1	1	.	.	½	9	340	.	.	.	11	8	5	.	9	4	.	.	18	15	5	17	.	.
.	.	.	.	.	.	.	.	2	60	3	30	1	3	2	4	.	5	1	.	.	6	1	9	.	.	.
.	.	.	.	.	.	.	.	1	30	2	15	½	2	1	5	.	3	4	.	.	5	4	2	.	.	.
.	.	.	1	1	.	.	½	12	430	5	45	1½	16	11	14	.	17	9	.	.	29	21	4	17	.	.
.	.	.	.	.	.	.	.	1	30	.	.	.	5	6	.	.	3	5	.	.	3	6	5	.	.	.
.	.	.	1	1	.	.	½	13	460	5	45	1½	21	17	14	.	20	14	.	.	32	27	9	17	.	.
.	.	.	.	.	.	.	.	4	160	.	.	.	10	5	5	.	15	.	.	.	15	4	9	.	.	.
.	.	.	1	1	.	.	½	17	620	5	45	1½	31	22	19	.	35	14	.	.	48	2	6	17	.	.

a b c.

Birken u. Erlen — Nutzholz · Kubikfuß	Nutzholz (80)	Borke (30)	Brennholz · Scheite (75)	Knüppel (60)	Stöcke (40)	Reiser zu 40 Kubikfuß	Reiser zu 20 Kubikfuß	Kiefern — Bau- u. Nutzholz · Stück	Kubikfuß	Schock	Kubikfuß	Brennholz · Nutzholz (80)	Scheite (75)	Knüppel (60)	Stöcke Stubben (40)	Stöcke Kiehn (40)	Reiser zu 40 Kubikfuß	Reiser zu 20 Kubikfuß	Summa an Derbholz (Kubikfuß)	Ueberhaupt (Kubikfuß)	Hauerlohn Thlr.	Sgr.	Pf.	Rückerlohn Thlr.	Sgr.	Pf.
.	.	.	1	1	.	.	½	9	340	.	.	.	11	6	3	.	5	3	.	.	.	.	.	.	.	.
.	.	.	.	.	.	.	.	.	.	.	.	.	.	2	2	.	4	1	.	.	.	.	.	.	.	.
.	.	.	1	1	.	.	½	9	340	.	.	.	11	8	5	.	9	4	.	.	.	.	.	.	.	.
.	.	.	.	.	.	.	.	3	90	5	45	1½	3	2	4	.	5	1	.	.	.	.	.	.	.	.
.	.	.	1	1	.	.	.	12	430	5	45	1½	14	10	9	.	14	5	.	.	.	.	.	.	.	.
.	.	.	.	.	.	.	.	1	30	.	.	.	7	7	5	.	6	9	.	.	.	.	.	.	.	.
.	.	.	1	1	.	.	.	13	460	5	45	1½	21	17	14	.	20	14	.	.	.	.	.	.	.	.
.	.	.	.	.	.	.	.	4	160	.	.	.	10	5	5	.	15	.	.	.	.	.	.	.	.	.
.	.	.	1	1	.	.	.	17	620	5	45	1½	31	22	19	.	35	14	.	.	.	.	.	.	.	.

Ein

Holz-Aufnahme.

Nr.	Datum	Jagen / Abtheil.	Eichen — Bau- u. Nutzholz						Eichen — Brennholz (Klafter)					Buchen — Bau- u. Nutzholz					Buchen — Brennholz (Klafter)					Bau- u. Nutzholz		
		Jagen / Abtheil.	Stück	Kubikfuß	Schock	Kubikfuß	Nutzholz 80 c'	Borke 30	Scheite 75	Knüppel 60	Stöcke 40	Reiser zu 40 Kubikfuß	Reiser zu 20 Kubikfuß	Stück	Kubikfuß	Schock	Kubikfuß	Nutzholz 80	Scheite 75	Knüppel 60	Stöcke 40	Reiser zu 40 Kubikfuß	Reiser zu 20 Kubikfuß	Stück	Kubikfuß	Schock
	Nach dem Hauungsplane sollen gehauen werden																									
	Es ist gehauen worden																									
1	12/10 Schlag.......	14																								
2	20/10 Totalität.....	15																								
	Vorquartal																									
3	3/1 Schlag.........	16																								
	I. Quartal																									
4	1/4 Totalität.......	19. 20																								
	II. Quartal																									
5	1/7 Totalität.......	21. 22																								
	III. Quartal																									

Belaufsweise

Aus

	Datum	Jagen / Abtheil.	Stück	Kubikfuß	Schock	Kubikfuß	Nutzholz 80 c'	Borke 30	Scheite 75	Knüppel 60	Stöcke 40	Reiser zu 40 Kubikfuß	Reiser zu 20 Kubikfuß	Stück	Kubikfuß	Schock	Kubikfuß	Nutzholz 80	Scheite 75	Knüppel 60	Stöcke 40	Reiser zu 40 Kubikfuß	Reiser zu 20 Kubikfuß	Stück	Kubikfuß	Schock
	Versteigerung 2/1 ...	14. 15. 16																								
	Deputat..........																									
	I. Quartal																									
	Verkaufsliste pr. April	19. 20																								
	II. Quartal																									
	Versteigerung 1/7 ...	21. 22																								
	III. Quartal																									

An g

hme.

Birken u. Erlen — Nutzholz		Birken u. Erlen — Brennholz					Kiefern — Bau- und Nutzholz				Kiefern — Brennholz							Summa an		Betrag der verausgabten Nebenkosten — Hauerlohn			Rückerlohn		
Nutzholz 80	Borke 30	Scheite 75	Knüppel 60	Stöcke 40	Reiser zu 40 Kubikfuß	Reiser zu 20 Kubikfuß	Stück	Kubikfuß	Schock	Kubikfuß	Nutzholz 80	Scheite 75	Knüppel 60	Stübben 40	Kiehn 40	Reiser zu 40 Kubikfuß	Reiser zu 20 Kubikfuß	Derbholz	Ueberhaupt	Thlr.	Sgr.	Pf.	Thlr.	Sgr.	Pf.
Klafter		Klafter						Kubikfuß			80	Klafter						Kubikfuß							

Jagdlauf Grünwald II.

·	·	·	·	·	·	·	150	3600	·	·	·	40	30	20	·	10	5	·	·	30	2	6	·	·	·
·	·	·	·	·	·	·	·	·	·	·	·	10	5	3	·	6	2	·	·	10	11	2	3	2	·
·	·	·	·	·	·	·	150	3600	·	·	·	50	35	23	·	16	7	·	·	40	13	8	3	2	·
·	·	·	·	·	·	·	20	400	·	·	·	20	10	·	·	9	4	·	·	9	3	6	·	·	·
·	·	·	·	·	·	·	170	4000	·	·	·	70	45	23	·	25	11	·	·	49	17	2	3	2	·
·	·	·	·	·	·	·	·	·	·	·	·	25	15	9	·	10	3	·	·	23	9	6	4	9	·
·	·	·	·	·	·	·	170	4000	·	·	·	95	60	32	·	35	14	·	·	72	26	8	7	11	·
·	·	·	·	·	·	·	·	·	·	·	·	4	3	·	·	1	·	·	·	4	2	6	1	3	·
·	·	·	·	·	·	·	170	4000	·	·	·	99	63	32	·	36	14	·	·	76	29	2	8	14	·

abe.

Nutzholz 80	Borke 30	Scheite 75	Knüppel 60	Stöcke 40	Reiser zu 40 Kubikfuß	Reiser zu 20 Kubikfuß	Stück	Kubikfuß	Schock	Kubikfuß	Nutzholz 80	Scheite 75	Knüppel 60	Stübben 40	Kiehn 40	Reiser zu 40 Kubikfuß	Reiser zu 20 Kubikfuß	Derbholz	Ueberhaupt	Thlr.	Sgr.	Pf.	Thlr.	Sgr.	Pf.
·	·	·	·	·	·	·	170	4000	·	·	·	70	·	23	·	·	11								
·	·	·	·	·	·	·	·	·	·	·	·	·	45	·	·	25	·								
·	·	·	·	·	·	·	170	4000	·	·	·	70	45	23	·	25	11								
·	·	·	·	·	·	·	·	·	·	·	·	25	15	9	·	10	3								
·	·	·	·	·	·	·	170	4000	·	·	·	95	60	32	·	35	14								
·	·	·	·	·	·	·	·	·	·	·	·	4	3	·	·	1	·								
·	·	·	·	·	·	·	170	4000	·	·	·	99	63	32	·	36	14								

Nr.	Holz=Aufnahme. Datum	Jagen Abtheil.	Eichen											Buchen										Bau=	
			Bau= u. Nutzholz				Brennholz					Reiser		Bau= u. Nutzholz				Brennholz				Reiser			
			Stück	Kubik= fuß	Schock	Kubik= fuß	Nutzholz 80 c'	Borke 30	Scheite 75	Knüppel 60	Stöcke 40	zu 40 Kubikfuß	zu 20 Kubikfuß	Stück	Kubik= fuß	Schock	Kubik= fuß	Nutzholz 80	Scheite 75	Knüppel 60	Stöcke 40	zu 40 Kubikfuß	zu 20 Kubikfuß	Stück	Kubik= fuß
							Klafter											Klafter							
	Nach dem Hauungsplane sollen gehauen werden																								
	Es ist gehauen worden																								
	Liq. 1/11	1	3	124	1	30	2	¼	2	2	1	½	·	·	·	·	·	·	·	·	·	·	·	2	24
	Sa. Vorquart. per se																								

Nr.	Datum	Jagen Abtheil.	Stück	Kubik= fuß	Schock	Kubik= fuß	Nutzholz	Borke	Scheite	Knüppel	Stöcke	Reiser zu 40	Reiser zu 20	Stück	Kubik= fuß	Schock	Kubik= fuß	Nutzholz	Scheite	Knüppel	Stöcke	Reiser zu 40	Reiser zu 20	Stück	Kubik= fuß
	Versteigerung 17/10 .	1	3	124	1	30	2	¼	2	2	1	½	·	·	·	·	·	·	·	·	·	·	·	2	24
	Summa Vorquartal per se																								

Birken u. Erlen								Kiefern											Summa		Betrag der verausgabten Nebenkosten	
Nutzholz			Brennholz					Bau- und Nutzholz				Brennholz							an Derbholz	Ueberhaupt	Hauerlohn	Rückerlohn
	Nutzholz	Borke	Scheite	Knüppel	Stöcke	Reiser zu 40 Kubikfuß	Reiser zu 20 Kubikfuß	Stück	Kubikfuß	Schock	Kubikfuß	Nutzholz	Scheite	Knüppel	Stubben	Kiehn	Reiser zu 40 Kubikfuß	Reiser zu 20 Kubikfuß				
	80	30	75	60	40				fuß		fuß	80	75	60	40	40					Thlr. Sgr. Pf.	Thlr. Sgr. Pf.
Klafter									Kubikfuß		Kubikfuß	Klafter							Kubikfuß			

Grünwald I. Schlag Jagen 1.

.	.	.	1	1	.	.	½	6	220	.	.	.	3	2	2	.	2	1				

.	.	.	1	1	.	.	½	6	220	.	.	.	3	2	2	.	2	1				

Einnahme.

Nr.	Holz-Aufnahme. Datum	Jagen / Abtheil.	Eichen — Bau- u. Nutzholz — Stück	Kubik-fuß	Schock	Kubik-fuß	Brennholz — Nutzholz 80 c'	Borke 30	Scheite 75	Knüppel 60	Stöcke 40	Reiser zu 40 Kubikfuß	Reiser zu 20 Kubikfuß	Buchen — Bau- u. Nutzholz — Stück	Kubik-fuß	Schock	Kubik-fuß	Brennholz — Nutzholz 80	Scheite 75	Knüppel 60	Stöcke 40	Reiser zu 40 Kubikfuß	Reiser zu 20 Kubikfuß	Bau- u. — Stück	Kubik-fuß	Schock
	Nach dem Hauungsplane sollen gehauen werden																									
	Es ist gehauen worden												Jagenweise, Belauf Grünwald I.													
	Liq. 20/1	3																								
		4																								
	Summa Vorquartal.																									

Ausgabe.

	Verst. 17/10	3																								
		4																								
	Vorquartal																									

…a h m e.

…rken u. Erlen							Kiefern											Summa an		Betrag der verausgabten Nebenkosten					
…holz	Brennholz						Bau= und Nutzholz				Brennholz									Hauerlohn			Rückerlohn		
Nutzholz	Borke	Scheite	Knüppel	Stöcke	Reiser zu 40 Kubikfuß	zu 20 Kubikfuß	Stück	Kubikfuß	Schock	Kubikfuß	Nutzholz	Scheite	Knüppel	Stubben	Riehn	zu 40 Kubikfuß	zu 20 Kubikfuß	Derbholz	Ueberhaupt	Thlr.	Sgr.	Pf.	Thlr.	Sgr.	Pf.
80	30	75	60	40							80	75	60	40	40										
Klafter											Klafter							Kubikfuß							
Totalität Jagen 3 u. 4																									
.	.	.	.	.	.	.	2	80	.	.	.	3	2	.	.	1	1								
.	.	.	.	.	.	.	.	.	.	.	.	2	2	1	.	2	1								
.	.	.	.	.	.	.	2	80	.	.	.	5	4	1	.	3	2								

Bemerkung: (Unter Totalitätshieb versteht man den Hieb des trocknen, Windbruch, auch wohl des Durchforstungsholzes).

…b e.

.	.	.	.	.	.	.	2	80	.	.	.	3	2	.	.	1	1
.	.	.	.	.	.	.	.	.	.	.	.	2	2	1	.	2	1
.	.	.	.	.	.	.	2	80	.	.	.	5	4	1	.	3	2

Holz-Aufnahme.

Eichen

Nr.	Datum	Jagen Abtheil.	Stück	Kubikfuß	Schock	Kubikfuß	Nutzholz 80 c'	Borke 30	Scheite 75	Knüppel 60	Stöcke 40	Reiser zu 40 Cubikfuß	zu 20 Cubikfuß
	Nach dem Hauungsplane sollen gehauen werden.												
	Belauf I..........	·	3	124	1	30	2	¼	2	2	1	1½	1
	„ II..........	·	·	·	·	·	·	·	·	·	·	·	·
	Summa Vorquartal	·	3	124	1	30	2	¼	2	2	1	1½	1
	Belauf I..........	·	·	·	·	·	·	·	·	·	·	·	·
	„ II..........	·	·	·	·	·	·	·	·	·	·	·	·
	Summa I. Quartal	·	3	124	1	30	2	¼	2	2	1	1½	1
	Belauf I..........	·	·	·	·	·	·	·	·	·	·	·	·
	„ II..........	·	·	·	·	·	·	·	·	·	·	·	·
	Summa II. Quartal	·	3	124	1	30	2	¼	2	2	1	1½	1
	Belauf I..........	·	·	·	·	·	·	·	·	·	·	·	·
	„ II..........	·	·	·	·	·	·	·	·	·	·	·	·
	Summa III. Quartal	·	3	124	1	30	2	¼	2	2	1	1½	1
	Belauf I..........	·	3	124	1	30	2	¼	2	2	1	1½	1
	„ II..........	·	·	·	·	·	·	·	·	·	·	·	·
	Bestand	·	·	·	·	·	·	·	·	·	·	·	·
	Belauf I..........	·	·	·	·	·	·	·	·	·	·	·	·
	„ II..........	·	·	·	·	·	·	·	·	·	·	·	·
	Summa	·	3	124	1	30	2	¼	2	2	1	1½	1
	Bestand	·	·	·	·	·	·	·	·	·	·	·	·
	Belauf I..........	·	·	·	·	·	·	·	·	·	·	·	·
	„ II..........	·	·	·	·	·	·	·	·	·	·	·	·
	Summa	·	3	124	1	30	2	¼	2	2	1	1½	1
	Bestand	·	·	·	·	·	·	·	·	·	·	·	·
	Belauf I..........	·	·	·	·	·	·	·	·	·	·	·	·
	„ II..........	·	·	·	·	·	·	·	·	·	·	·	·
	Summa	·	3	124	1	30	2	¼	2	2	1	1½	1

Buchen (Bau- u. Nutzholz und Brennholz) — und folgender **Bau-** Spalte

Datum	Stück	Kubikfuß	Schock	Kubikfuß	Nutzholz 80	Scheite 75	Knüppel 60	Stöcke 40	zu 40 Cubikfuß	zu 20 Cubikfuß	Stück (Bau-)	Kubikfuß
Belauf I..........	·	·	·	·	·	·	·	·	·	·	2	24
„ II..........	·	·	·	·	·	·	·	·	·	·	·	·
Summa Vorquartal	·	·	·	·	·	·	·	·	·	·	2	24
Belauf I..........	·	·	·	·	·	·	·	·	·	·	·	·
„ II..........	·	·	·	·	·	·	·	·	·	·	·	·
Summa I. Quartal	·	·	·	·	·	·	·	·	·	·	2	24
Belauf I..........	·	·	·	·	·	·	·	·	·	·	·	·
„ II..........	·	·	·	·	·	·	·	·	·	·	·	·
Summa II. Quartal	·	·	·	·	·	·	·	·	·	·	2	24
Belauf I..........	·	·	·	·	·	·	·	·	·	·	·	·
„ II..........	·	·	·	·	·	·	·	·	·	·	·	·
Summa III. Quartal	·	·	·	·	·	·	·	·	·	·	2	24
Belauf I..........	·	·	·	·	·	·	·	·	·	·	2	24
„ II..........	·	·	·	·	·	·	·	·	·	·	·	·
Bestand	·	·	·	·	·	·	·	·	·	·	·	·
Belauf I..........	·	·	·	·	·	·	·	·	·	·	·	·
„ II..........	·	·	·	·	·	·	·	·	·	·	·	·
Summa	·	·	·	·	·	·	·	·	·	·	2	24
Bestand	·	·	·	·	·	·	·	·	·	·	·	·
Belauf I..........	·	·	·	·	·	·	·	·	·	·	·	·
„ II..........	·	·	·	·	·	·	·	·	·	·	·	·
Summa	·	·	·	·	·	·	·	·	·	·	2	24
Bestand	·	·	·	·	·	·	·	·	·	·	·	·
Belauf I..........	·	·	·	·	·	·	·	·	·	·	·	·
„ II..........	·	·	·	·	·	·	·	·	·	·	·	·
Summa	·	·	·	·	·	·	·	·	·	·	2	24

Au[f]

…olung.
…ahme.

Einnahme — Birken u. Erlen / Kiefern / Summa / Betrag der verausgabten Nebenkosten

Posten	Birken u. Erlen — Nutzholz Cubikfuß	Brennholz Nutzholz 80	Borke 30	Scheite 75	Knüppel 60	Stöcke 40	Reiser zu 40 Kubikfuß	Reiser zu 20 Kubikfuß	Kiefern — Bau- u. Nutzholz Stück	Kubikfuß	Schock	Kubikfuß	Brennholz Nutzholz 80	Scheite 75	Knüppel 60	Stöcke Stubben 40	Riehn 40	Reiser zu 40 Kubikfuß	Reiser zu 20 Kubikfuß	Summa an Derbholz	Ueberhaupt	Hauerlohn Thlr	Sgr	Pf	Rückerlohn Thlr	Sgr	Pf
Vorquartal.																											
	.	.	.	1	1	.	.	½	9	340	.	.	.	11	8	5	.	9	4	.	.	18	15	5	.	.	.
	.	.	.	.	.	.	.	.	150	3600	.	.	.	50	35	23	.	16	7	.	.	40	13	8	3	3	.
	.	.	.	1	1	.	.	½	159	3940	.	.	.	61	43	28	.	25	11	11.366	13.866	58	29	1	3	3	.
I. Quartal.																											
	.	.	.	.	.	.	.	.	12	430	5	45	1½	16	11	14	.	17	9	.	.	29	21	4	.	.	.
	.	.	.	.	.	.	.	.	170	4000	.	.	.	70	45	23	.	25	11	.	.	49	17	2	3	6	.
	.	.	.	1	1	.	.	½	182	4430	5	45	1½	86	56	37	.	42	20	15.081	18.846	79	8	6	3	6	.
II. Quartal.																											
	.	.	.	.	.	.	.	.	13	460	5	45	1½	21	17	14	.	20	14	.	.	32	27	9	.	.	.
	.	.	.	.	.	.	.	.	170	4000	.	.	.	95	60	32	.	35	14	.	.	72	26	8	7	12	.
	.	.	.	1	1	.	.	½	183	4460	5	45	1½	116	77	46	.	55	28	18.621	23.426	105	24	2	7	12	.
III. Quartal.																											
	.	.	.	.	.	.	.	.	17	620	5	45	1½	31	22	19	.	35	14	.	.	48	2	6	.	.	.
	.	.	.	.	.	.	.	.	170	4000	.	.	.	99	63	32	.	36	14	.	.	76	29	2	8	16	.
	.	.	.	1	1	.	.	½	187	4620	5	45	1½	130	85	51	.	71	28	20.311	25.956	125	1	8	8	16	.

…gabe.

Ausgabe

Posten	Birken u. Erlen — Nutzholz Cubikfuß	Brennholz Nutzholz 80	Borke 30	Scheite 75	Knüppel 60	Stöcke 40	Reiser zu 40 Kubikfuß	Reiser zu 20 Kubikfuß	Kiefern — Bau- u. Nutzholz Stück	Kubikfuß	Schock	Kubikfuß	Brennholz Nutzholz 80	Scheite 75	Knüppel 60	Stöcke Stubben 40	Riehn 40	Reiser zu 40 Kubikfuß	Reiser zu 20 Kubikfuß	Summa an Derbholz	Ueberhaupt	Hauerlohn Thlr	Sgr	Pf	Rückerlohn Thlr	Sgr	Pf
Vorquartal.																											
	.	.	.	1	1	.	.	½	9	340	.	.	.	11	8	5	.	9	4	2.366	3.166						
	.	.	.	.	.	.	.	.	.	.	.	.	.	.	.	.	.	.	.								
	.	.	.	1	1	.	.	.	150	3600	.	.	.	50	35	23	.	16	7	9.000	10.700						
I. Quartal.																											
	.	.	.	.	.	.	.	.	12	430	5	45	1½	14	10	9	.	14	5	.	.						
	.	.	.	.	.	.	.	.	170	4000	.	.	.	70	45	23	.	25	11	.	.						
	.	.	.	1	1	.	.	½	182	4403	5	45	1½	84	55	32	.	39	16	14.871	18.236						
	.	.	.	.	.	.	.	.	.	.	.	.	.	2	1	5	.	3	4	210	610						
II. Quartal.																											
	.	.	.	.	.	.	.	.	13	460	5	45	1½	21	17	14	.	20	14	.	.						
	.	.	.	.	.	.	.	.	170	4000	.	.	.	95	60	32	.	35	14	.	.						
	.	.	.	1	1	.	.	½	183	4460	5	45	1½	116	77	46	.	55	28	18.621	23.426						
	.	.	.	.	.	.	.	.	.	.	.	.	.	.	.	.	.	.	.								
III. Quartal.																											
	.	.	.	.	.	.	.	.	17	620	5	45	1½	31	22	19	.	35	14	.	.						
	.	.	.	.	.	.	.	.	170	4000	.	.	.	99	63	32	.	36	14	.	.						
	.	.	.	1	1	.	.	½	187	4620	5	45	1½	130	85	51	.	71	28	20.311	25.956						

Nr.	Holz-Sorten	Die Maaß-Einheit bezieht sich auf	enthält reine Holzmasse	A Eichen			B Buchen Ahorn Eschen Rüstern Weißbuchen			C Birken		
			Cubikf.	Thlr.	Sgr.	Pf.	Thlr.	Sgr.	Pf.	Thlr.	Sgr.	Pf.
	I. Bau- und Nutzholz (Derbholz).											
1	Stämme bis 20 C′	C′										
2	„ „ 21–40 C′											
3	„ „ 41–60 C′											
4	„ „ 61–80 C′											
5	„ „ 81–100 C′ und Schneideenden bis 24′											
6	„ über 100 C′ und Sägeblöcke über 24′ 14″ und Mühlwellen											
7	„ zu Masten											
8	„ zu Kahnknieen											
9	„ Spaltlatten 30′ 3″ Zopf stark	Stück	4									
10	„ Rundlatten 20—30′, 1½—2″ stark		2									
11	Böttcherholz über 6″ stark	Klftr.	80									
	Reiserholz.											
12	Bäume, Pfähle und Rückstangen	Schock	30									
13	Hopfenstangen		20									
14	Bohnenstangen		10									
15	Faschinen 6′ lang 12″ im Bunde		30									
	Rinde (zum Derbholz gehörig).											
16	Baumrinde geputzt zu 108 C′ Raum	Klftr.	80									
17	„ ungeputzt zu 108 C′ Raum		60									
18	Spiegelrinde zu 108 C′ Raum		30									
	II. Brennholz (Derbholz).											
19	Scheite über 6″ stark		75									
20	Knüppel 3—6″ stark		60									
21	Stöcke oder Stubben		40									
22	Stöcke zum Selbstroden		40									
23	Kiehnstubben		40									
	Reiserholz.											
24	Ausgeknüppelte Reiser		40									
25	Reiser mit Spitzen aus den Durchforstungen 9′ lang, 3′ hoch, 6′ weit		20									
26	Dergl. von den Schlägen wie vor		20									

rst-Revier Grünwald

8 — 1873.

Anlage O.

D		E			F			Hauerlohn		Rücker-lohn
Elsen		Linden, Kastanien, Pappeln, Haseln, Weiden, Espen			Kiefern, Fichten, Wachholder					
Sgr.	Pf.	Thlr.	Sgr.	Pf.	Thlr.	Sgr.	Pf.	Sgr.	Pf.	Sgr.
·	·	·	·	·	·	2	6	·	1	·
·	·	·	·	·	·	3	·	·	1	·
·	·	·	·	·	·	3	6	·	1	·
·	·	·	·	·	·	4	·	·	1	·
·	·	·	·	·	·	4	6	·	1	·
·	·	·	·	·	·	5	·	·	1	·
·	·	·	·	·	·	6	·	·	1	·
·	·	·	·	·	·	5	·	·	1	·
·	·	·	·	·	·	8	·	·	4	·
·	·	·	·	·	·	4	·	·	2	·
·	·	·	·	·	10	·	·	20	·	·
·	·	·	·	·	1	6	·	7	6	·
·	·	·	·	·	1	·	·	5	·	·
·	·	·	·	·	·	25	·	2	6	·
·	·	·	·	·	1	18	·	20	·	·
·	·	·	·	·	·	·	·	·	·	·
·	·	·	·	·	·	·	·	·	·	·
·	·	·	·	·	·	·	·	·	·	·
·	·	·	·	·	4	10	·	12	·	3
·	·	·	·	·	2	26	·	10	·	3
·	·	·	·	·	1	10	·	35	·	·
·	·	·	·	·	·	12	·	Unaufgearbeitet.		
·	·	·	·	·	4	10	·	Aufgearbeitet.		
·	·	·	·	·	1	·	·	8	·	3
·	·	·	·	·	·	14	·	4	·	3
·	·	·	·	·	·	16	·	4	·	3

Allgemeine Bestimmungen.

1. Die nebenstehenden Holzpreise sind von 6 zu 6 Jahr auf Grund der Durchschnittspreise zu reguliren. Man berechnet bei jeder Versteigerung die Durchschnittspreise und sammelt sie nach Jahrgängen, deren Resultate man fractionirt. Die Holzpreise enthalten das Hauerlohn und bis 3 Sgr. Rückerlohn.

2. Die Bau- und Nutzhölzer werden bis 5" Zopfdurchmesser ausgehalten, geästet, gekürzt und mit der Rinde nach Umfang oder Durchmesser gemessen.

3. Die Käufer der Bau-, Nutz- und Baumhölzer haben kein Recht auf den Abraum.

4. Der letzt angefangene Silbergroschen wird bei der Taxberechnung vollgenommen.

5. Rindschäliges und fehlerhaftes Bau- und Brennholz wird zu 3/4 der Taxe des gesunden Holzes in der Taxe ausgebracht.

6. Klafter Nutz- und Brennholz werden in der Regel zu 3' Klobenlänge und so breit und hoch eingeklaftert, daß sie bei der genannten oder anderer Klobenlänge stets 108 C' Raum haben. Auf jeden Fuß Höhe giebt man 1/2" Schwindemaß.

7. Faschinen werden, wenn sie über 6' lang abgegeben werden, nach dem Längenverhältniß in der Taxe berechnet.

8. Bis 3¾" starke, 3' lang gekürzte Reiser heißen ausgeknüppelte Reiser und gehören zum Reiserholz.

9. Mehre Holzgattungen dürfen, außer kleine Reste, in eine Klafter nicht gelegt werden.

10. Anbrüchiges und faules Brennholz wird unter Beobachtung der Stärken der Sortimente (von 3¾ Zoll bis 6 Zoll Knüppel; über 6 Zoll Kloben) aufgesetzt und nicht z. B. faules Klobenholz als Knüppelholz angesprochen und verkauft.

11. Der Oberförster kann in der Versteigerung bis 1/5 = 20 % unter der Taxe verkaufen nach sorgsamer Prüfung der Absatz- und Werthsverhältnisse, aber auch werthvolles Holz bis 20 % Aufschlag zum Ausgebot stellen. (Anforderungs-Preis.)

Formular zum Holz-Manual und zur Natural-Rechnung.

Ordnungs-Nummer in der Rechnung.		Bezeichnung der Holz-Abgabe.	Eichen.									Buchen.
der Rech-nung.	dem Etat		Nutzholz.					Brennholz.				
			Stück. Ku-bik-Fuß.	Schock. Ku-bik-Fuß.	in Klaf-tern à 80 C'	Bor-ke à 60 C'	Klo-ben à 75 C'	Knüp-pel à 60 C'	Stub-ben à 40 C'	Reiser à 40 C'	20 C'	
							Klafter					

Birken.	Kiefern.	Betrag		Mithin gegen den Taxwerth		No. der Beläge.
		des Tax-werths incl. der Hauer-löhne und sonstigen Nebenkosten	der zu leistenden Zahlung	mehr	weniger	
		Thlr. Sgr. Pf.	Thlr. Sgr. Pf.	Thlr. Sgr. Pf.	Thlr. Sgr. Pf.	

Anlage P.

Formular

zur

Verkaufs= und Erhebungsliste

über das

im Monat ———————— 18———

außer Licitation { a) nach Licitationsdurchschnittspreisen } verkaufte Holz
{ b) nach der Taxe }

in 2 gesonderten Unterabtheilungen a und b gesondert einzutragen, abzuschließen und zu recapituliren.

Soll G. Buch No.
Kassen=Manual No.

Laufende Nummer.	Tag der Ab= gabe oder des Ver= kaufs.	Nₒ. des Holz= verab= folge= zettels.	Schutzbezirk		Des Holzempfängers		Nₒ. des Hol= zes in der Ab= zähl.= Tab.	Bezeichnung des abge= gebenen Holzes nach Sor= timent und Quantität.	Taxwerth incl. aller Nebenkosten		Betrag der zu leisten= den Zah= lung	Tag bis wohin die Zah= lung zu leisten ist.	Nₒ. des Kas= sen= Jour= nals.	Bemerkungen.
			Ja= gen Di= strikt.	Ab= thei= lung.	Stand und Namen.	Wohnort.			pro Ein= heit	für das ganze Quan= tum				
									Thl. Sgr. Pfg.	Thl. Sgr. Pfg.	Thl. Sgr. Pfg.			

Formular für das Pfandbuch der Forstschutzbeamten.

Anlage Q.

Lau= fende Num= mer.	Stand und Gewerbe, Vor= und Zuname, Wohn= und Aufent= haltsort der An= geschuldigten.	Bezeichnung des ent= wendeten Gegenstandes resp. der Uebertretung nach §§ 44, 45 und 47 des Gesetzes vom 2. Juni 1852.	Nähere Umstände, Zeit und Ort der Entwen= dung resp. der Uebertre= tung und des Betreffens, ob bei Nacht oder an Sonn= und Festtagen, unter erschwerenden Um= ständen, mit Angriff oder Widersetzlichkeit §§ 4 u. 9 des Gesetzes vom 2. Juni 1852 geschah.	Bezeichnung der		
				Pfand= stücke § 23 des Gesetzes.	Konfiskate § 17 des Gesetzes.	Zeugen und sonstigen Be= weismittel für die übrigen Thatsachen.

Formular

Anlage R.

für das Straf=Manual A. u. B., Holz= u. Harz=, Waldproducte= u. Raff= u. Leseholz=Diebstahl u. für 3te u. fernere Holz= Diebstähle (Staats=Anwalt) sowie Diebstähle an aufgearbeitetem Holze (Staats=Anwalt).

Laufende Nummer.	1		2		3	4			5		Bemerkungen.
	Name, Gewerbe, Wohnung und Auf= enthaltsort		Bezeichnung		Nähere Umstände, Zeit und Ort der Entwen= dung resp. der Uebertre= tung und des Betreffens, ob die Entwendung unter erschwerenden Umständen (§§ 4 u. 9 des Gesetzes) geschehen; ob sie mit einem Angriffe oder einer Wider= setzlichkeit bei dem Be= treffen verbunden gewe= sen; ob der Thäter sich im Rückfalle befindet.	a.	b.	c.	a.	b.	
	a. des Angeschul= digten.	b. der etwa haftbaren Person mit Angabe des Grun= des der Haftbarkeit § 10 u. 11 des Gesetzes	a. des ent= wendeten Gegen= standes resp. der Uebertretung nach §§ 44, 45, 47 des Gesetzes	b. des Taxwerths desselben Thlr. Sgr. Pf.		Angabe, welche Thatsachen der Forstbeamte (Name desselben) selbst wahrgenom= men hat. Zeugen und son= stige Beweismittel für die übrigen Thatsachen.	Pfand= stücke § 23 des Ge= setzes.	Kon= fiskate § 17 des Gesetz= zes.	Bescheini= gung der Vorladung des Ange= schuldigten. § 29 des Gesetzes.	Urtheil des Gerichts. § 39 u. 40 des Gesetzes.	

Anlage S.

Formular für Forst-Polizei-Uebertretung.

1	2				3	4	Angabe des Strafgesetzes.	Der Angeklagte ist rechtskräftig verurtheilt zu			Bemerkungen.
	Beschaffenheit der Contraventionen.				Tag, Forsttheil, Schonung, wo der Thäter betroffen. Ob die Pfändung bei Nacht oder am Sonntage geschehen.	Bezeichnung der abgepfändeten Sachen und Angabe der Zeugen, oder sonstige Beweismittel zur Begründung des Thatbestandes.		Strafgeld.	Pfandgeld.	oder Gefängnißstrafe.	
	Bezeichnung derselben.	Stück ob. Haupt.	Fuder.	Karren.				Thl. Sgr. Pfg	Thl. Sgr. Pfg	Tage	
No.											

Anlage U.

Grenz-Rapport.

1	2	3	4	5	6
Angabe der Grenzjagen.	Zahl der Hügel, getrennt nach den daran grenzenden Feldmarken.	No. der Grenzmale in der Columne 2 nach dem Grenz-Vermessungs-Register.	Bezeichnung der Grenzmale, ob Hügel, Pfahl, Stein oder versteinter Hügel.	Gefundener Zustand a) der Grenze, b) des Grenzmales.	Angabe was zur Abhülfe der gefundenen Mängel zu geschehen hat, resp. Vorschläge zur Beseitigung der gefundenen Grenzmängel.

Formular zum Str

B. B.

Lau-fende No.	Der Ueberweisungs-liste		Zur Verbüßung durch Arbeit sind über-wiesen			Wirklich verbüßt sind durch Arbeits-leistung			Datum der Rück-gabe der erledigten Ueber-weisungs-liste	Bemerkungen
	Datum	Eingang beim Oberför-ster	Zahl der Frev-ler	zu leistende Ar-beitszeit		Zahl der Frev-ler	geleistete Ar-beitszeit			
				Tage	Stund.		Tage	Stund.		
	I. Aus dem vorigen Wirthschaftsjahr 1867.									
1	2/11 1866	3/11 1867	10	30	8	10	30	8	2/1 1867	
	II. Aus dem laufenden Wirthschaftsjahr 1868.									Diese Liste B. ist in Abschrift zu d Cultur-Rechnungsl lägen zu bringen.
2	2/10 1867	3/10 1867	6	6	.	4	3	.	2/12 1867	
3	2/1 1868	3/1 1868	10	20	4	10	20	4	2/2 1868	
4	2/6 1868	3/6 1868	15	30	6	5	10	.		
5	2/7 1868	4/7 1868	20	40	.	.	.	.		Noch unerledi und in das Conto d nächsten Jahres übertragen.
	Summa II.		51	96	10	19	33	4		
	Summa I.		10	30	8	10	30	8		
	Summa Total		61	127	8	29	64	2		

Auf dem Titel:

Strafarbeits - Contobuch.

Im Laufe des Jahres vom 1. October 1867 bis ult. September 1868 sollen in dem Forst = Revier Grünwald nach Inhalt der Bescheinigungen des Ober-försters in den einzelnen Ueberweisungslisten zusammen die umstehend nachgewie-senen Vierundsechzig Tage Zwei Stunden Strafarbeitszeit abgeleistet sein, solches bescheinigt

N., den 5. October 1868.

Königl. Kreisgericht.

Anlage T.

rbeits - Contobuch.

A. A'.

---

berförsterei

irthschaftsjahr

Zusammenstellung der in dem Culturjahre vom 1ten October 1867 bis ultimo September 1868 als verbüßt nachzuweisenden und als verwendet nachgewiesenen Strafarbeitstage.

Lau-ende No.	Pos. in der Rech-nung	Schutzbezirke	Ja-gen. Di-stricte		Strafarbeits-zeit		Bemerkungen
					Tage	Stun-den	
				1. Es sollen als verbüßt nachgewiesen werden:			
1				Laut Attest des Gerichts N...................	64	2	Diese Liste A. A'. ist in Abschrift der Cultur-Rechnung an-zuheften.
				II. Es sind als verwendet nachgewiesen:			
2	5	Grünwald I	3	Kiefernpflanzung.............	10	2	
3	7	„ II	29	Grabenräumung.............	5	.	
4	12	„ II	42	Wegearbeit	3	.	
				Summa in der Cultur-Rechnung	18	2	
				Außerdem für andere Forstarbeiten:			
5	3	Grünwald	3	Wegebesserung auf dem Commu-nications-Wege von A nach B	20	.	
6	4	„ II	43	Grenzhügel-Werfen, 16 Stück ...	4	.	
7	5	„ II	49	Grenzgräben 66°	22	.	
				Summa II. Ist verwendet	64	2	
				Summa I. Soll verwendet sein	64	2	
				balancirt.			

Daß die vorstehend aufgeführten Forststrafarbeiten verrichtet und auf diese Weise Vierundsechzig Tage Zwei Stunden verbüßt worden sind, bescheinigen

Forsthaus Grünwald, den 1. October 1868.

Der Oberförster

N.

Die Forstschutzbeamten

A. B.

Formular zum Quartal-Extract (Anfang).

Eichen

Benennung der Einnahme und Ausgabe	Nutzholz					Brennholz					
	Stück	Cubikfuß	Schock	Cubikfuß	in Klafter	Borke	Scheite	Knüppel	Stubben	Reiser	Reiser
					à 80	à 60	à 75	à 60	à 40	à 40	à 20
						Cubikfuß					
						Klafter					

Buchen

Benennung der Einnahme und Ausgabe	Nutzholz					Brennholz				
	Stück	Cubikfuß	Schock	Cubikfuß	in Klafter	Scheite	Knüppel	Stubben	Reiser	Reiser
					à 80	à 75	à 60	à 40	à 40	à 20
						Cubikfuß				
						Klafter				

Birken

Benennung der Einnahme und Ausgabe	Nutzholz				Brennholz				
	Stück	Cubikfuß	Schock	Cubikfuß	Scheite	Knüppel	Stubben	Reiser	Reiser
					à 75	à 60	à 40	à 40	à 20
					Cubikfuß				
					Klafter				

El=

Benennung der Einnahme und Ausgabe	Nutzholz			
	Stück	Cubikfuß	Schock	Cubikfuß

A. Einnahme
B. Ausgabe
Abth. A. der Rechnung.   (Unter der Taxe) Bestimmte Holzabgaben gegen Hauerlohn.   Unbestimmte Holzabgaben gegen Hauerlohn an Forstbeamte.
„   B.   „   nach bestimmten Preisen oder dem Meistgebot.
Summa Ausgabe
   Bestand

[...]fen (Fortsetzung)

fen	Eschen, Weiden ꝛc.									Nadelholz											Summarischer Cubik-Inhalt in Kubikfuß		Betrag		Bemerkungen
Brennholz	Nutzholz				Brennholz					Nutzholz					Brennholz								des vollen taxmäßigen Holzwerths	der baar zu leistenden Zahlung incl. Nebenkosten	
Scheite	Stück	Cubikfuß	Schock	Cubikfuß	Borke	Scheite	Knüppel	Reiser	Reiser	Stück	Cubikfuß	Schock	Cubikfuß	in Klafter	Scheite	Knüppel	Stubben	Reiser	Reiser		von Derbholz	überhaupt			
Knüppel																									
Reiser																									
à 75					à 60	à 75	à 60	à 40	à 20					à 80	à 75	à 60	à 40	à 40	à 20				thl. sgr. pf.	thl. sgr. pf.	
à 60																									
à 40																									
à 20																									
Cubikfuß					Cubikfuß										Cubikfuß										
Klafter					Klafter										Klafter										

Formular zum Quartal-Extract (Schluß).

Soll = Einnahme der der Forst = Kasse überwiesenen Forst = Revenüen	Ein = nahme aus Vor = jahren	Titel I Für Nutz = u. Brenn = holz, Holz = geld incl. Neben = kosten	Titel II Forst = Neben = Nutzun = gen	Titel III Von der Jagd	Titel VI. Ins = gemein	Summa	incl. Gold	zu anderen Fonds	Bemerkungen.
	thl. sgr. pf.	thl. sgr. pf.	thl. sgr. pf.	thl. sgr. pf.	thl. sgr. pf.	thl. sgr. pf.	thl. sgr. pf.	thl. sgr. pf.	
Nach dem Etat soll aufkom= men . . . . Im 1. Quartal 1868 sind aufgekommen . . . . . . mehr . . Folglich weniger .									Im I. Qu. 1867 sind aufgekommen . . . Im I. Qu. 1868 sind aufgekommen . . . mehr . . . also weniger .

Formular zum Bericht.

(Akten=Concept auf Concept=Papier.)

J.-N. 79.

Kostuchnia, den 1. Juni 1868.

An

das Fürstliche Forst=Amt

in

P.

Fürstl. Dienst=Sache.

Betrifft Hütung des
Försters M. in N.

Nachdem die Weide=Tabelle der Forstbeamten am 1. Mai c. dem Fürstlichen Forst=Amt überreicht ist, meldet sich nachträglich der im Rubro genannte mit 2 Stück Kühen zur Waldweide an. — Ich bitte das Gesuch zu genehmigen und das Normal=Weidegeld per 20 Sgr. per Haupt Großvieh auf 15 Sgr. herabzusetzen, da der Förster M. einen besonderen Hirten halten muß und die Wald= weide auf dem geringen Boden (III. Klasse für Kiefern) nur gerin= gen Werth hat.

B. W.
Fürstlicher Oberförster.

Mundum des Berichts.

(Auf Kanzlei=Papier — halb gebrochen, rechts oben Datum, links oben Rubrum, links unten am Ende des Berichts Adresse und Journal=Nummer.

Betrifft Hütung des
Försters M. in N.

Kostuchnia, den 1. Juni 1868.

J.-N. 700.

D.

In Urschrift an den Fürstl. Ober=
Förster Herrn B. W. mit dem Auf=
trage, innerhalb 8 Tagen die Orte
anzugeben, wo der Bittsteller hüten
will.

Nachdem die Weide=Tabelle der Forst=
Beamten am 1. Mai c. ꝛc.

(Ganz wie der Text des Concepts.)

P., den 5. Juni 1868.

Das Fürstliche Forst=Amt.

W. B.

Not. Term. 8 Tage,

An

das Fürstliche Forst=Amt

in

P.

Fürstl. Dienst=Sache.
J.-N. 79.

B. Wczk.
Fürstlicher Oberförster.

Berichte. Allgemeine Bemerkungen.

Der Bericht muß kurz, deutlich, erschöpfend, ohne unnöthige Titulaturen und Devotions=Versicherungen (Hochlöbliches, gehorsamst, ehrerbietigst) und reinlich geschrieben sein. In einem Bericht darf nur ein Gegenstand erörtert werden, wenn nicht mehrere nothwendig zusammengehören. Von allen originaliter abzusendenden Schriftstücken wird je nach der Wichtigkeit ein vollständiges Concept zu den Akten, oder ein kürzerer Vermerk zu den Akten und in dem Dienst=Journal zurückbehalten. — Rasuren in Berichten und Rechnungsbüchern sind verboten. Durchstrichenes muß noch leserlich bleiben. — Die schriftlichen Anordnungen der vorgesetzten Behörde heißen Verfügungen (Decrete) und sind entweder Marginal (Rand)=Decrete (nachstehend, gewöhnlich im Infinitiv erlassen), oder werden besonders abgefaßt. — Termine für die Berichterstattung werden mit Rothstift im Journal, oder in einem besonderen Reproductions=Journal notirt. Der Termin=Kalender giebt die zu bestimmten Zeiten zu erstattenden Berichte an.

Formular zu einem Protokoll.

(Verhandlung.)

Verhandelt N., den 1. Februar 1868.

J.-N. 64.

D.

Urschriftlich dem Fürstlichen Forst=Amt in N. mit dem Antrag auf Genehmigung zu überreichen.

N., den 1. Februar 1868.

B. Wczk.

Fürstl. Oberförster.

D.

J.-N. 94.

Urschriftlich dem Fürstl. Ober=Förster Herrn B. Wczk mit der

Unvorgeladen erscheint von Person bekannt und dispositionsfähig (recognoscirt von dem Schulzen A. in B.) der Kahnschiffer Ernst Klein aus E., der deutschen Sprache und des Schreibens nicht mächtig, welcher, indem er auf Führung eines polnischen Neben=Protokolls verzichtet und den bei dem Gericht in P. ein für alle Mal vereideten Lehrer T. in N. als Dollmetscher wählt, nachstehenden Antrag stellt.

Auf dem mir gehörigen Schiffe Felix ist mir ein Kahnmast gebrochen, den ich, um nicht in meinem Geschäft behindert zu sein, sofort ersetzen muß. In den Schlägen des Belaufs H. findet sich ein dergleicher Kiefern=Stamm nicht, wohl aber in dem Jagen 30. 70′ lang, 15″ mittler Durchmesser = 86 C′, welchen ich mir frei=

Genehmigung und der Auflage zurück, dem p. Klein sofort Nachricht
zu geben, daß er die Caution per
8 Thlr. an die von uns instruirte
Forstkasse in P. zu zahlen habe, bezüglich Fällung und Abfuhr nach
den bekannten Bestimmungen zu
verfahren und die Verkaufsliste mit
diesem Protokoll zu belägen.

P., den 4. Febr. 1868.

Das Fürstliche Forst-Amt.
W.   B.

händig zu verkaufen bitte. Ich bin bereit
die Taxe à C' =   8 Sgr. 3 Pf.
und 25% Aufschlag à C' = 2 = 5 =
                    pro C' 10 Sgr. 8 Pf.
in Summa 30 Thlr. 18 Sgr.
wörtlich Dreißig Thaler Achtzehn Silbergroschen, auch in dem Falle zu zahlen,
wenn der Stamm nach der Fällung
sich untauglich zu der beabsichtigten Verwendung zeigen sollte, entsage auch ein für
alle Male dem Einwand der Verletzung
über die Hälfte und zahle sofort und noch
vor der Fällung $1/4$ als Caution, welche auf
die Zahlung angerechnet wird, per rund
8 Thlr. portofrei zur Forstkasse in P.

Ich bitte um baldigen Bescheid, da ich
das Holz dringend bedarf. Dieses Protokoll ist polnisch verdollmetscht.

v.   g.   u.

(†††) Handzeichen des Kahn-
schiffers Ernst Klein.

Lehrer F. in N.   attestirt H.
als Dolmetscher.   Forstschreiber.

a.   u.   s.

B. Wzk.
Fürstlicher Oberförster.

Protokolle. Allgemeine Bemerkungen.

Aus dem vorstehenden Schema wird man sich für viele Fälle zurecht finden.
Nachträge am Rand sind zu vermeiden; kommen sie vor, so müssen sie von
dem Interessenten und dem Verfasser des Protokolls, sowie Allen etwa Gegenwärtigen (Dollmetscher, dem Zeugen der Handzeichen ꝛc.) besonders unterschrieben werden. — Die Unterschrift oder Unterkreuzung darf weder mit geführter
oder angefaßter Feder, noch durch Andere erfolgen. — Bei Blinden und Taub-
stummen müssen die schriftlichen Verträge gerichtlich aufgenommen werden.
Streng genommen ist gerichtliche Vertrags-Abfassung nothwendig bei Verträgen
mit Personen, die nicht Schreiben und Lesen, oder nur ihren Namen schreiben,
oder durch Zufall am Schreiben verhindert, und der Sprache, worin der Vertrag abgefaßt ist, unkundig sind. — Bei Verträgen muß das gesetzliche Stempelpapier verwendet werden, dessen Höhe nach dem Werth des Objects bemessen
wird. Auch alle persönlichen Gesuche der Forstbeamten in Staatsforsten als:
Urlaubs-, Versetzungs-, Zulage- ꝛc. Gesuche werden der vorgesetzten Behörde

auf 5 Sgr. Stempel überreicht. Anderen Falls erfolgt die Antwort auf dem Stempel zum 4fachen Betrage mit 20 Sgr. Bedarf ein Vertrag noch höherer Genehmigung, so muß dies besonders bemerkt und die Genehmigung erbeten werden.

Die Protokolle der Forst-Verwaltung erstrecken sich in vielen Fällen auf Verkauf des Holzes und der Nebennutzungen. Ein Licitationsprotokoll für Holz ist bereits oben angegeben. Es muß hier noch einmal hervorgehoben und wiederholt werden, daß im Interesse des Waldbesitzers alles Holz und alle Waldnutzungen in der Regel meistbietend auf Grund öffentlicher Bekannt= machungen verkauft oder verpachtet werden, also auch: Fallwildpret der admi= nistrirten Jagd, Geweihe, welche gefunden sind, Bauholzabfälle, wenn der Un= ternehmer das Holz vom Waldbesitzer frei erhält und das Holz als Deputat nicht verwendbar ist, Bienenstöcke, ausgeklengte Nadelholzzapfen 2c.; freihändig können verkauft werden kleine Quantas, schwache Stangen (Hopfenstangen, Bohnenstangen, Baumpfähle) Stubben und Reiser an Unbemittelte, einzelne dem Diebstahl ausgesetzte Windbrüche, von Holzdieben gefällte Stämme (con= fiscirtes Holz) in dringenden Feuer=, Wasser=, Windschaden, Bedarfsfällen ein= zelne Nutzholzstämme, jedoch nie mehr als für 15 Thaler Werth an einen Käufer per Jahr. —

Freihändig werden abgegeben: Beeren= und Pilzzettel, Raff= und Leseholz= zettel, kleine Quantas Kies, Lehm, Sand 2c.

In den Königl. Preuß. Staatsforsten hat in der Regel der Oberförster die kleine Jagd auf 6 Jahre in seinem Revier gegen mäßige Pacht unter Inne= haltung der Bestimmungen des Finanz-Ministerii vom 2. März 1867. IIb. 2551 (Allgemeine Bedingung bei Verpachtung fiscalischer Jagden, Regulativ über die Befugnisse der Forstbeamten bei Benutzung der kleinen Jagd und des Raub= zeugs 2c.) in Pacht; die hohe und mittlere Jagd (Roth, Damwild, Sauen=, Rehe) wird in der Regel administrirt. Für die Administrationskosten erhält der Oberförster den Ueberschuß zwischen der Taxe, welche er abliefert und dem Verkaufspreis. Das administrirte Wild verkauft der Oberförster freihändig und kann die Geweihe behalten. Das Fallwild, Geweihe desselben und abgeworfene Geweihe, sind wie bemerkt, stets licitando zu verkaufen. Ist das Fallwild ganz werthlos, so wird es in Anwesenheit des Oberförsters und Försters im Revier vergraben und darüber ein bei den Akten verbleibendes Protokoll aufgenommen.

Schema zum Cultur-Lohnzettel.

Forst-Revier..

Wirthschaftsjahr 186.. Belag Nr. ....

Lohnzettel

über ausgeführte ....

Daß die nachstehend aufgeführten Arbeiter die angegebene Arbeit vorschrifts=
mäßig geleistet haben und daß jeder Einzelne von denselben die bei ihm ver=
merkten Tage unter meiner Aufsicht wirklich gearbeitet hat, bescheinigt

.... den............ ten........................ 186........

Der Förster.

Die Richtigkeit des nachstehenden Lohnzettels und die gute Ausführung der
Arbeiten wird hierdurch auf Grund meiner örtlichen Revision bescheinigt und die
Forst=Kasse ersucht, die sich danach ergebenen Geldbeträge mit buchstäblich:

---

aus dem durch die Ordre vom .... ten.. 186........ ange=
wiesenen Fonds lediglich an die Empfänger gegen deren Quittung zu zahlen.

.... den............ ten........................ 186........

Der Oberförster.

Namen, Wohnort der Geld=Empfänger	Nähere Bezeich= nung und Umfang des zu verlohnenden Gegenstandes	Zahl	Einheits= Preis Sgr.	Summarischer Geld=Betrag Thlr. Sgr. Pf.	Unterschrift der Geld=Empfänger als Quittung, wobei die Richtigkeit der Hand= zeichen bescheinigt.

Vermerk: Man fertigt ein= oder zweiseitige Lohnzettel an, letztere für große Culturen, wo viele
Arbeiter aufgeführt sind. Auch für andere Verlohnungen, wie Wegebauten, sind diese Lohn=
zettel brauchbar.

Oberförsterei.. Jagen............................

Schutzbezirk.. Abtheilung........................

Morgen............................

Lohnzettel

über das Sammeln ....

an den hierunter angegebenen Tagen.

Nr.	Die Arbeiter		Arbeitsdauer Tage	sind gesammelt	Arbeitsdauer Tage	sind gesammelt	Arbeitsdauer Tage	sind gesammelt	Arbeitsdauer Tage	sind gesammelt	Arbeitsdauer Tage	sind gesammelt	Arbeitsdauer Tage	sind gesammelt	Summa Tage gesammelte	Lohn pro sgr. pf.	Betrag des Lohnes thl. sgr. pf.	Namensunterschrift oder Bekreuzung als Quittung der Empfänger.
	Namen	Wohnort																

Die Richtigkeit der vorstehenden Angaben und der eingesammelten .... sowie die in meiner Gegenwart erfolgte Vernichtung der letztern bescheinige ich hiermit pflichtmäßig.

.... den............ ten............ 18............

Der Förster.

Die Richtigkeit der in vorstehendem Lohnzettel enthaltenen Angaben und Lohnsätze, sowie die erfolgte Vernichtung der gesammelten Insecten bescheinige ich auf Grund der von mir abgehaltenen Local-Revisionen und wird die Forst-Kasse in .... veranlaßt, die nachgewiesenen Sammlerlöhne im Ge-sammtbetrage von .... Thlr. .... Sgr. .... Pfg. mit Buchstaben:

an die Empfangsberechtigten gegen deren Quittung zu zahlen.

.... den............ ten............ 18............

Der Oberförster.

Vermerk: Die Atteste kommen an das Ende der 2. Seite, oder bei vielen Arbeitern an das Ende der 4. Seite, und können gedruckt oder geschrieben werden.

Formular zu Seite 4.

Grenz-Vermessungsregister
des Rittergutsforstes Grünwald.

Kar-ten-orts. №	Benen-nung des Forst-orts.	Jagen oder Di-stricts- №.	Das Grenz-mal ist (ein Stein, Hügel ꝛc.)	Grenz-zeichen №.	Grenze des Forstes.			Angrenzer oder Grenznachbar und sonstige Bemerkungen.
					Länge der Grenzlinien Ruthen.	Winkel der Grenzlinien Grade. | M.	Azimuthal- Winkel Grade. | M.	
					dec.			

Formular zu Seite 5.

General-Vermessungstabelle
des Rittergutsforstes Grünwald,
betreffend den Revierzustand im Juni 1868.

Namen des Forstortes	Bezeichnung d. Figur nach			Zur Holz-zucht benutzte Flächen und bestimmte Blößen	Nicht zur Holzzucht					
	Jagen oder District	Schlag	Abtheilung		Ge-bäude u. Hof-raum	Gärten	Aecker	Wiesen	Kop-peln	zur Torf-nutzung bestimmte Flächen
	№.	№.	Litt.	Mrg. | dec.	Mrg. | dec.	Mrg. | dec.	Mrg. | dec.	Mrg. | dec.	Mrg. | dec.	Mrg. | dec.

benutzte Flächen.				Gesammt-Flächeninhalt der ganzen Abtheilung	Gesammt-Flächeninhalt des ganzen Jagens oder Districts	Bemerkungen.
Fennen und unbenutzbare Brüche	Seen, Teiche und Pfühle	Wege, Alleen, Gräben, Flüsse und Bäche von mehr als 2 Rth. Breite	Summa nicht zur Holzzucht benutzter Flächen des ganzen Jagens oder Districts			
Morg. | dec.	Morg. | dec.	Morg. | dec.	Morg. | dec.	Morg. | dec.	Morg. | dec.	

Vermerk: Nicht in Quadr.-Ruthen sondern 10theil. Antheile der Morgen, sind die Flächen unter 1 Morgen an-gegeben. Bei der Flächenberechnung von Gestellen ꝛc. bildet die Mitte die Grenzlinie. Nur die 2 Rth. überschreitende Fläche von Wegen, Gestellen, Gräben ist in die Unlandsfläche aufgenommen, sonst in der Rubrik Alleen, Wege ꝛc. bei jedem Jagen oder District.

Bauanschlagsätze für Forst-Etablissements-Bauten.

Allgemeine Bemerkungen.

Am 1. März 1868 reicht der Oberförster der vorgesetzten Behörde getrennt nach den Kreisen der Baubeamten ein.

1. Nachweisung 1869 der Bauten an Forstdienstgebäuden incl. Holzwerth über 50 Thlr. Die Anschläge werden später auf Anlaß der Behörde und nach Prüfung der Nachweisung von dem Kreisbaubeamten gefertigt.

2. Nachweisung 1869 der Bauten incl. Holzwerth unter 50 Thlr., wozu der Oberförster die Voranschläge beifügt.

Hierzu dienen demselben als Anhalt zur Veranschlagung die untenstehenden Notizen Dach, Decke, Stall u. s w., sowie das Vademecum des praktischen Baumeisters von Ludwig Hoffmann in Berlin — Wiegandt und Grieben. Jahreszahl fehlt!!!

Für die preuß. Staatsforsten dient das Bau=Regulativ vom 14. September 1842 als Anhalt, was der Raumersparniß wegen hier fehlt. — Alle kleinen Reparaturen hat der Nutznießer auf eigene Kosten auszuführen, wozu er das eventuell erforderliche Holz frei erhält. Die Bauten ad 2. werden gewöhnlich auf Rechnung durch den Oberförster ausgeführt. Bei Bauten bis 20 Thlr. incl. Holzwerth attestirt und bewirkt die Abnahme resp. der Forst=Inspector und Oberförster bei Oberförster= und Försteretablissements; über 20 Thlr. der Bezirksbaubeamte.

Die Holzwerthberechnungen sind in duplo zur Bau= und Natural=Rechnung aufzustellen und nur auf den Baubelägen die Verwendung zu attestiren.

Spähne und Bauholz=Abgänge von Holz, welches der Entrepreneur frei vom Forstbesitzer erhält, sind als Deputatbrennholz zu überweisen, oder meistbietend zu verkaufen, gehören aber nie dem Entrepreneur.

Größere Bauten werden minuslicitando vergeben auf Grund des Anschlages der Bezirksbaubeamten. Die anschlagsmäßige Ausführung der Bauten, die Lieferung guter Materialien, besonders auch des Kalks (1 Raumtheil Kalk 2½ Raumtheil Sand; scharfer, erdefreier Sand). Das Beputzen der Mauern und Wände, sowie das Beschütten der Fundamente ꝛc. ist von dem Bezirks=baubeamten zu überwachen und er allein dafür verantwortlich.

Manche kleinere Bauten wie z. B. Zaunbauten und alle die, zu denen es technischer Kenntnisse nicht bedarf, können ohne Zuziehung von geprüften Meistern, von Tagelöhnern gemacht werden, woraus erhebliche Ersparnisse resultiren. —

Der Dienstinhaber muß die Bau=Rechnungen bis 20 Thlr. hinsichts der gelieferten Materialien und geleisteten Arbeiten ebenfalls attestiren, also z. B. der Förster. — Für die Bauten ad 2, welche der Oberförster auf Rechnung

ausführt, muß der Bauunternehmer protokollarisch für die Ausführung bezüg=
lich Umfang, Materialien und Kosten (wörtlich nicht in Zahlen) verpflichtet
werden. Die Rechnung wird für jedes Etablissement besonders gelegt.

Dach (l. F. heißt laufende Fuß.)

Dachbalkenlage für Doppel= und Kronendächer 3 bis 3½′ von Mitte zu Mitte
„ Schließdächer . . . . . 3½—4′   „   „   „   „
für Kupfer=, Zink= u. Eisenblechdächer 4—4½′   „   „   „   „
Stroh= und Rohrdächer 5—6′   „   „   „   „

Dachlatte.   20′ bis 24′ lang 2 ½″ bis 3″ breit, 1½ bis 1¾″ stark 5% Ver=
schnitt. Aus 1 Sageblock von 14″ Zopf = 17″ mittlerem Durch=
messer 30 Stück.

Dachpfanne.   12″ lang 8″ breit ¾″ dick, 7 bis 8½ Pfd. schwer 10″ weite
Lattung oder Verschalung.   1 □Ruthe Dachfläche enthält 174 l. F.
Latten, 348 Pfannen, 65 Lattnägel; erfordert 182 l. F. Latten, 355
Pfannen, 72 Lattnagel.   1000 Pfannen 7½ Cub.′ Kalk.

Dachspäne.   3′ lang, 4″ bis 5″ breit, ¼″ stark, Deckung auf Spaltlatten
16″ weit auseinander.

Biberschwanz.   Flacher Dachziegel 15″ lang, 6″ breit, ½″ stark = 45 Cub.″,
3—4½ Pfd. 1000 Stück 32 bis 34 Ctr. 1000 Stück mit Lager und
Fuge böhmisch einzudecken 3½ Cub.′ Kalk, blos zu verstreichen 2 Cub.′
Kalk.

Dachsplisse.   12″ lang 3″ breit, ⅛″ stark.

Hohlziegel.   15″ lang, 6 und 4½″ breit, ¾″ stark, 6 bis 7 Pfd. schwer, mit
3″ Ueberdeckung verlegt; auf 1 l. F. Forst oder Grad 1 Stein;
Bruch 2%, 100 Stück in vollen Kalke zu legen erfordern 1½ Cub.′ Kalk.

Hohlziegeldach.   12″ weite Lattung.   1 □Ruthe Dachfläche enth. 144 l. F.
Latten, 54 Lattnägel, 288 Hohlziegel. Wegen Bruch und Verschnitt
erfordert 150 l. F. Latten 60 Lattnägel, 294 Ziegel.   Zu 1000 Zie=
gel 18 Scheffel Gyps für die Leisten.

Strohdach.   Zu 1 □Ruthe 1 Schock = 60 Bund Stroh zu 4 Cub.′, 5 l. F.
Schwammbaum, 10″ im Durchmesser. Zu den Bandstöcken ꝛc., 3
Lattstämme zu 24′ lang, 3 bis 4″ Zopf. Lattung 12″ entfernt mit
hölzernen Nägeln, auf dem Stroh über jeder Latte 3—5′ lange Band=
stöcke und diese mit der Latte durch Bindweiden zusammengebunden,
jedes Bund Stroh 3 bis 4′ lang, also über jede Strohschicht 3 Reihen
Bandstöcke, die von der darüber gelegten Strohschicht wieder bedeckt
werden. Ganze Stärke des Daches 14—16″.

Doppeldach.   5″ weite Lattung.   1 □Ruthe Mittelschichten enthält 347 l. F.
Latten, 130 St. Lattnägel, 695 Dachziegeln; wegen Bruch und Ver=
schnitt erfordert 362 l. F. Latten, 148 Stück Nägel, 765 Ziegel.

Deckrohr. 1 Cub.' wiegt etwa 8 Pfd., 1 Schock hat 60 Bund zu 2 Cub.'; 1 ☐Ruthe Dachfläche erfordert 1 Schock Rohr.

Deckstroh. 1 Cub.' wiegt etwa 7 Pfd., 1 Schock = 60 Bund zu 3 bis 4 cub.' 1 ☐Ruthe Dachfläche erfordert 1 Schock Stroh.

Dauer der Bedachung. Umgedeckt mit Hülfe des halben Materials neu, müssen werden:

$$\begin{array}{ll}
\text{Ziegeldächer} \ldots \ldots \ldots & \text{alle 25 Jahr} \\
\text{Rohrdächer} \ldots \ldots \ldots & \text{„ 30 „} \\
\text{Strohdächer} \ldots \ldots \ldots & \text{„ 20 „} \\
\text{eichene Schindeldächer} \ldots & \text{„ 25 „} \\
\text{weiche} \ldots \ldots \ldots \ldots & \text{„ 15 „}
\end{array}$$

Kronendach. 10″ weite Lattung 1 ☐ Ruthe Dachfläche enthält 174 l. F. Latten, 65 Lattnägel, 695 Steine. Wegen Verschnitt und Bruch erforderlich 182 l. F. Latten, 73 Lattnägel, 765 Steine.

Sparren. Wenn h die Höhe des Daches, b die Tiefe des Pultdaches oder die halbe Tiefe des Satteldaches, l die Länge des Sparrens bedeuten, so ist

$$\begin{array}{ll}
\text{bei } h = b; \ l = 1{,}414 \times b & h = \tfrac{1}{4}b; \ l = 1{,}031 \times b \\
h = \tfrac{3}{4}b; \ l = 1{,}250 \times b & h = \tfrac{1}{6}b; \ l = 1{,}014 \times b \\
h = \tfrac{2}{3}b; \ l = 1{,}202 \times b & h = \tfrac{1}{8}b; \ l = 1{,}008 \times b \\
h = \tfrac{1}{2}b; \ l = 1{,}118 \times b & h = \tfrac{1}{12}b; \ l = 1{,}003 \times b \\
h = \tfrac{1}{3}b; \ l = 1{,}054 \times b &
\end{array}$$

Sparrenweite. Bei Doppel- und Kronendach 3½' höchstens, bei Spließdach 4', bei Stroh, Rohr, Schindeldach 6' höchstens.

Spließdach. 7½″ weite Lattung 1 ☐Ruthe Mittelschichten enthält 230 l. F. Latten, 86 Lattnägel, 460 Steine, 460 Spließe; wegen Bruch und Verschnitt erfordert 240 l. F. Latten, 96 Nägel, 500 Steine, 480 Spließe. Wegen der Doppelschichten für Forst und Traufe enthalten bei der Sparrenlänge L. in Fußen, 10 l. F. Dachfläche

$(\tfrac{8}{5} L + 1)$ 10 l. F. Latten.

$6 L + 4$ Stück Lattnägel.

$(\tfrac{16}{5} L + 6)$ 10 Stück Dachsteine.

$(\tfrac{16}{5} L - 2)$ 10 Stück Spließe.

wegen Bruch und Verschnitt erforderlich:

$(\tfrac{8}{5} L + 1)$ 10½ l. F. Latten.

$6\tfrac{2}{3} L + 4$ Stück Lattnägel.

$(\tfrac{16}{5} L + 6)$ Stück Dachsteine.

$(\tfrac{16}{5} L - 2)$ 10½ Stück Spließe.

1000 Steine böhmisch einzudecken 3½ Cub.' Kalk; bloß zu verstreichen 2 Cub.' Kalk.

Decke.

Deckenputz, gerohrter 1 □Ruthe erfordert: 3½ Cub.' Kalk, ¼ Scheffel Gyps, ½ Ring Draht, ½ Scheffel Rohr, 1200 Rohrnägel.

Deckenschalung. 1 □Ruthe erfordert 8 Stück 24' lange Schalbretter 2⅓ Schock Lattennägel.

Stall.

Rindviehstall. 9 bis 10' lichte Höhe. 1 Futtergang mit 2 Krippen und 2 Schwellen 6 bis 6½' breit. Mit einer Krippe und einer Schwelle 4½ bis 5' breit. Krippe 1' breit.

Pferdestall. Stand für ein Ackerpferd 4' breit, für ein Kutsch= oder Reit- pferd 4½—4¾'; 9 bis 10' tief incl. Krippe. Bei 2 Reihen Pferde Mittelgang 5 bis 6'; bei 1 Reihe, Seitengang 3 bis 4' breit. Für jedes frei umherlaufende Fohlen 36—40□' Stall mindestens 10' hoch, für Kavallerie 15 bis 16' hoch. Krippenwand 3¾' vom Fußboden hoch, auf eingegrabenen Krippenstielen. Pilarstiele 8 bis 9" stark, 3' in der Erde, 6 bis 7' über dem Fußboden, Lattirbaum 5" stark, 3' über dem Fußboden mit Ketten an den Pilar= und Krippenstielen. Raufen in den Bäumen 4 bis 5" stark, runde Sprossen 1½" stark.

Krippe. Zu 1 l. F. = 3 l. F. 2" Bohlen, für Pferde Grundbohle 10" breit, oben im Lichten 12" weit, alle 6' ein Stiel.

Krippenschüssel. Von Gußeisen 2' 3" lang, 12" breit, 8½" hoch, vom Pfla- ster bis zur Oberkante 4' hoch, wiegt 70 bis 75 Pfd.

Raufe. In Pferdeställen von Schmiedeeisen, vom Pflaster bis zur Oberkante 7' 5" hoch, 1' 4" hoch, 2' 4" lang, mit 10 Sprossen, wiegt etwa 18 bis 20 Pfd., in Kuhställen, 2' 6" hoch, Wangen 4" breit, 2" stark, Stäbe 1¼" rund, in 6" Entfernung.

Schweinestall. 7½ bis 8' lichte Höhe, Vorderfront gegen Mittag; mit Klin- kern hochkantig gepflastert, stark Gefälle, die Abtheilungen von Boh- lenwänden 4 bis 5' hoch. Krippen außerhalb, oder von außen zu- gänglich. Für 1 Eber 5' breit, 6' lang, allein. Für 1 Zuchtsau mit Ferkeln allein 40□', ohne Ferkel mit mehreren zusammen 25□'. Für 1 Mastschwein 20□' allein, mit mehreren à 16□'. Für 1 Großfasel 10□'. Für ein Kleinfasel 8□'. Für 1 Ferkel 5 bis 6□'.

Geschirrkammer. Genügt 4' breit, pro Pferd 2' Länge.

Federviehstall. 6½ bis 7' lichte Höhe, Thüren und Lucken gegen Mittag, wegen des Brütens dunkel; Gänse, Enten, Puten unten, Hühner dar- über, brauchen eine Stiege; Tauben darüber oder in den Giebeln.

Stallthür. Für aufgenagelte Leisten und Strebe ⅕ der Thürfläche an Bret- tern, 1⅓ mal der Thürfläche in □' an Lattnägeln.

Holzstall. Bei 6' hoher Packung pro Klafter 18□', pro Haufen 81□' Grund=
fläche. 1□Ruthe Grundfläche für 8 Klafter.

Abtritt.

Für 1 Person wenigstens 3' 3" tief, 2' 3" breit = 7⅓ □'. Sitzbrett 1'
6" tief, Vorbrett 1' 6" hoch, zusammen 6¾ □'.

Zaun.

Spließzaun. Pfähle 8" breit, 4" stark, 6' entfernt, 1½' in der Erde tief.
Zu 1 l. F. Zaun, 3 l. F. Spaltlatten, 4 Spließe zu 3" breit, ½" stark.

Spriegelzaun. Pfähle 8" breit, 4" stark, 6' entfernt, 1½' in der Erde tief.
Zu 1 l. F. Zaun 3 l. F. Spaltlatten, 6 Spriegel.

Lattenzaun. Stiele 6 bis 7"□ stark, 6' Entfernung. 2 Riegel à 4 bis 5"□
stark, auf 1 l. F. 3 Stück Latten, auf 1 l. R. Zaun 1½ Schock
Lattnägel.

Flechtzaun. Stiele 3" stark, 1½' tief, in 9" Entfernung; 1 □Ruthe erfordert
¾ Fuhren Reiser.

Rückzaun. Stiele 8" breit, 4" stark, 6' entfernt. Für 1 l. R. = 24 l. F.
Spaltlatten.

Bretterzaun. Stiele 6' auseinander. Bei eingeschobenen Brettern pro □'
Zaun 1 □' Brett. Bei angenagelten Brettern incl. Deckbretter der
Stoßfugen und Pfähle pro □' Zaun 1⅛ □' Brett. Pro □Ruthe
Zaun 2 Schock Lattnägel.

Zaunpfahl. Halb so tief in die Erde zu graben, als hoch über der Erde,
stark angekohlt, im Sandboden mit Lehm zu umgeben.

Oefen.

Backofen. Der Heerd eiförmig, Länge : Breite = 4 : 3, am schmalen Ende
das Mundloch 15" breit 9" hoch, dessen Oberkante nur 1½" über
dem Heerd, Schaulöcher 4" bis 5"□. Seitenwände 10" hoch gerade,
Wölbung auf jeden Fuß Breite 1" hoch. Auf jeden Scheffel Mehl
etwa 12 □' Heerdfläche.

Kachelofen. Höhe höchstens 3 mal der Länge. Länge 2½ bis 5, Tiefe 1½
bis 4 Kacheln. Wegen der Ofenröhre und dem Sockel ist eine Kachel=
schicht mehr zu rechnen. Heerd 1' hoch. Zur Einfassung der Feue=
rung beim kleinsten Ofen 25, beim größten 100 Mauersteine. Zu den
Zungen der Röhre und Decke ist jeder Dachstein des Verhauens we=
gen = ½ □' zu rechnen. Zum kleinsten Ofen 30, zum größten 150
Dachsteine. Lehm für den Heerd ⅓ dessen Inhalts, pro □' Ober=

fläche an Kacheln, Decken, Röhren, Zungen 2″ dick = ⅙ Cub.′ Lehm.
Zum größten Ofen 10 bis 12 Pfd. Eisen für Röhre und Decke. —
Feuerheerd. Nicht über 30″ hoch, pro Schachtruthe (vollgemessen) 860 große,
1125 mittel, 1500 kleine Steine.

Anstrich.

Wasserdichter für Mauern: 1 Theil gekochten Leinöl, ¹⁄₁₀ Bleiglätte,
2 Theile Harz, zusammen geschmolzen, heiß aufgetragen. Um darauf
zu malen 3 Theile gekochtes Leinöl, ¹⁄₁₀ Bleiglätte, 1 Theil Wachs.

Fußboden.

Zu 1 □Ruthe gehören 7⅕ Stück 24′ lange Bretter, 1 Schock Bret-
ter giebt 8⅓ □Ruthen Fußboden, die □Ruthe 2¼ bis 2½ Schock
Bodenspieker 48 l. Fuß Kreutzholzlager.
Fußboden zu verstreichen. 100 l. F. 3 Cub.′ Kalk, 6 Cub.′ Sand.

Kalk, Cement, Mörtel, Asphalt.

Kalk. 1) Gebrannter Spec.=Gew. 1,27, 1 Cub.′ wiegt 84 Pfd., 1 Tonne zu
4 Scheffel wiegt durchschnittlich 3 Ctr., enthält 4 Cub.′ Kalk, 3⅑
Cub.′ leeren R., giebt 12 Cub.′ gelöschten Kalk.

2) Gelöschter. 1 Cub.′ wiegt 80 Pfd., erfordert höchstens 3 Cub.′
Sand, und giebt damit 3½ Cub.′ Mörtel.

3) Hydraulischer oder magerer ist kohlensaurer Kalk mit Thon und Kie-
selerde, erhärtet im Wasser. Künstlich: Man läßt gebrannten fetten
Kalk an der Luft zerfallen, mengt ihn mit ⅕ geschlemmten Thon, kne-
tet, trocknet an der Luft und brennt aufs Neue.
Kalkkasten. 2′ lang, 20″ breit, 18″ hoch, faßt 5 Cub.′ Mörtel.
Kalkmörtel. Frisch, spec. Gew. 1,79, 1 Cub.′ wiegt 118 Pfd. Trocken, spec.
Gew. 1,64, 1 Cub.′ wiegt 108 Pfd. In 100 Cub.′ Mörtel sind 29
Cub.′ Kalk, 85½ Cub.′ Sand.
Gyps. Spec. Gew. 2,23, 1 Cub.′ wiegt 147⅓ Pfd. 100 Pfd. Gypsstein
geben 74 bis 82 Pfund gebrannten Gyps oder 1 Cub.′ Gypsstein.
15¾ bis 17¼ Metzen gebrannten Gyps und 4 Cub.′ = 2¼ Schffl.
pulv. Gyps. ⁴⁄₃ Cub.′ = ¾ Scheffel pulv. Gyps geben 1 Cub.′
Gypsmörtel (aufgelößten Gyps).
Roman=Cement, beste Sorte, Preis 3½ Thlr. Die Tonne enthält 5 Cub.′ lose
Masse. Die Mischung von

1 Cub.′ Cemt. mit 1 Cub.′ Sand giebt 1,50 Cub.′ Mörtel 1,75 Eimer Wasser
1 ″ ″ ″ 2 ″ ″ ″ 2,25 ″ ″ 2,35 ″ ″
1 ″ ″ ″ 3 ″ ″ ″ 3,00 ″ ″ 3,00 ″ ″

Die beste Mischung ist ein Theil Cement und 2 Theile Sand 1 Theil Cem. und 3 Theile Sand geben, wenn der Cement recht frisch ist, noch einen sehr guten Mörtel.

1 Schachtruthe Mauerwerk zu 36 Cub.' Mörtel erfordert bei einer Mischung von

1: 1, nahe 4,8 Tonnen Cement, 24 Cub.' Sand
1: 2, „ 3,2 „ „ 32 „ „
1: 3, „ 2,4 „ „ 36 „ „

1 ☐ Ruthe Putz à 6 Cub.' Mörtel erfordert bei einer Mischung von
1: 1 nahe 0,80 Tonnen Cement, 4,00 Cub.' Sand
1: 2 „ 0,53 „ „ 5,33 „ „
1: 3 „ 0,40 „ „ 6,00 „ „

Portland Cement. Originalverpackung. Preis 5⅔ Thlr. Die Tonne enthält 4,58 Cub.' lose Masse. Die Mischung von

1 C.' losen Cement mit 1 C.' Sand, giebt 1,50 C.' Mörtel, hierzu 1,50 Eim. Wasser
1 „ „ „ „ 2 „ „ „ 2,33 „ „ „ 2,33 „ „
1 „ „ „ „ 3 „ „ „ 3,25 „ „ „ 3,00 „ „
1 „ „ „ „ 4 „ „ „ 4,17 „ „ „ 3,67 „ „

Die beste Mischung ist 1 Theil Cement und 3 Theile Sand. 1 Theil Cement und 4 Theile Sand geben, wenn der Cement nicht zu frisch ist, noch einen sehr guten Mörtel, 1 Schachtruthe Mauerw. zu 36 Cub.' Mörtel erfordert bei einer Mischung

von 1: 1 nahe 5,24 Tonnen Cement 24 Cub.' Sand
„ 1: 2 „ 3,36 „ „ 30,86 „ „
„ 1: 3 „ 2,42 „ „ 33,23 „ „
„ 1: 4 „ 1,88 „ „ 34,56 „ „

1 ☐ Ruthe Putz zu 6 Cub.' Mörtel erfordert bei einer Mischung
von 1: 1 nahe 0,87 Tonnen Cement 4 Cub.' Sand
„ 1: 2 „ 0,56 „ „ 5,14 „ „
„ 1: 3 „ 0,40 „ „ 5,54 „ „
„ 1: 4 „ 0,31 „ „ 5,76 „ „

Mastix Cement. 100 Pfd. Cement, 12 Pfd. Holztheer, 150 Pfd. fein gesiebter Sand geben 32 ☐' Trottoir 3‴ Stärke.

Asphalt. Künstlicher zu Isolirschichten. 100 Pfd. Steinkohlentheer, 15 Pfd. Harz, 150 Pfd. Kalkpulver (Staubkalk) pro ☐ Ruthe 2¼ Cub.' Kalk ¹¹⁄₁₈ Tonnen Theer, 19 Pfd. Kolophonium.

Nägel.

Nagel eiserner 3 mal so lang als das zu befestigende Holzstück dick ist. Die aus der Länge in Zollen + derselben Länge giebt die Breite des Rumpfes am Kopf in Linien, ²/₃ der Breite = Dicke. Die halbe Länge + Breite des Rumpfes in Zollen giebt den Durchmesser des Kopfes in Linien.

Ein Nagel 10″ lang wiegt 8 bis 9 Loth, das Schock 16 Pfd.

″	″	9″	″	″	7	″	8	″	″	″	14	″
″	″	8″	″	″	5	″	5½	″	″	″	10	″
″	″	7″	″	″	4	″	5	″	″	″	8	″
″	″	6″	″	″	3	″	3½	″	″	″	6	″
″	″	5″	″	″	2	″	2½	″	″	″	4	″

Brettnagel. Flacher Rumpf, länglicher Kopf:

ganzer 3″ lang, 1 Schock wiegt 20 Loth.

halber 2¼″ ″ 1 ″ ″ 14 ″

Brettspieker. Form des Brettnagels.

ganzer 2¾″ lang, 1 Schock wiegt 18 Loth

halber 2″ ″ 1 ″ ″ 12 ″

Darrhorden.

Jedes Blatt incl. Rahmen 3′ breit, 4′ 6″ hoch excl. Rahmen 2′ 8″ br., 4′ 2″ h., pro l. F. 4 Reifen Draht Nr. 10; Gewicht des Drahtes à □′ 11 Pfd, das Blatt 75 Pfd.

Brunnen.

Kolbenhub 5″ bis 6″ giebt bei 4″ Weite des Kolbens pro Hub 56 bis 68 Cub.″, also im Mittel 1 Quart Wasser.

Brunnenkessel. 1 Stein stark; 4′ bis 5′ tief unterm Wasserspiegel

bei 3′ lichtem Durchmesser pro steig. Fuß 92 Ziegeln

″	3½′	″	″	″	″	″	108	″
″	4′	″	″	″	″	″	120	″
″	4½′	″	″	″	″	″	136	″
″	5′	″	″	″	″	″	152	″

Brunnenröhre. Mindestens 10″ Zopf, 4″ weit gebohrt, die Tülle mindestens 3′ über dem Pflaster, Höhe über Tülle mindestens 4′.

Brunnenverlegung. Erdröhre 3′ bis 4′ unter der Erde, deren Verbindung mit der Unterröhre durch ein bleiernes Knie 13″ lang, 32 Pfd. schwer; mit der Oberröhre durch die gerade bleierne Buchse 11″ lang, 23 Pfd. schwer.

Brunnenziegeln. Keilförmig 10½″ lang, im Mittel 5″ breit, 2½″ stark, sonst wie Ziegestein.

Bauholzfuhren.

Auf gepflastertem Wege fährt eine zweispännige Fuhre circa

50	l. F. Ganzholz	11 Stück	7/4zöllige Bretter	
100	„ Halbholz	10 „	2 „	Bohlen
200	„ Kreutzholz	8 „	2½ „	„
20	Stück 1 zöllige Bretter	6 „	3 „	„
15	„ ³/4 „ „	70 „	Dachlatten	
12	„ ⁶/4 „ „			

1 Cbfß. auf sandigen Waldwegen ¼—½ Meile anzufahren kostet circa 9 Pfennige.

Nachstehend einige Kostensätze bei dem Handwerkertagelohn von 20 bis 25 Sgr.; den Handlangertagelohn von 12½ Sgr. und dem Preis von 3 bis 5 Sgr. pro Cubikfuß Kiefern Bauholz und 5 Sgr. pro Cubikf. Blockholz.

a. Maurer-Arbeit.

		Thl.	Sgr.	Pfg.
1.	1 □R. altes Mauersteinwerk abzutragen	1.	—	–
2.	1 Schacht-Ruthe Ziegelmauerwerk aufzuführen incl. Rüsten .	2.	—	–
3.	1 □R. Mauer-Fachwerk auszumauern incl. Rüsten	1.	20.	–
	do. auszufugen	—	25.	–
	do. inwendig zu berappen u. 1 Mal über-zuschlemmen	—	10.	–

b. Zimmer-Arbeit.

		Thl.	Sgr.	Pfg.
4.	1 laufenden Fuß Endbalken zuzurichten und einzuziehen . .	—	1.	–
5.	do. Ausbindung aus altem Holze zuzurichten .	—	—	9
6.	1 □' Lukenthür roh mit Leisten anzufertigen	—	—	8
7.	1 □' ⁵/4" Bretter anzuliefern	—	1.	6
8.	1 Cbfß. Holz zu beschlagen u. die Sageblöcke zu bewaldrechten	—	—	3
9.	1 Cbfß. Schnitt mit der Handsäge nebst Haltung des Gerüstes	—	—	3
10.	1 Thorweg 10½' breit, 5½' hoch mit aufgenagelten Leisten u. versetzten Streben zu fertigen, excl. Holz	1.	15.	–
11.	1 Pfoste 3½' breit, 5½' hoch do.	—	12.	6
12.	1 Cbfß. Bretterzaun aufstellen	—	3.	6

Thl. Sgr. Pfg.

13. 1 Schock Brettnägel . . . . — 5. -

14. 1 l. F. Lattenzaun von aufgetrennten Spaltlatten mit Holm, 10' entfernten Pfosten (angekohlt) kostet incl. Holz und Arbeit . . . . — 7. 6

15. 1 Rth. daher . . . . 3. — -

c. Brunnenmacher-Arbeit.

16. 1 Brunnenrohr zu bohren, achtkantig zu beschlagen, einzusetzen, das Pumpwerk einzusetzen und gangbar zu machen per l. F. . . . . — 5. -

17. Ausgußtülle mit Ringen 2c. neu . . . . — 20. -

18. Schwengel nebst Beschlag mit Bolzen und Feder . . . . — 20. -

19. Klaue mit Beschlag . . . . — 12. 6

20. Zugeimer nebst Verlederung . . . . — 15. -

21. Ventil mit eisernem Bügel, verledert und in Hanf und Talg eingesetzt . . . . — 15. -

22. Brunnenbelag zu legen aus Halbholz incl. Bearbeitung des letzteren pro □' . . . . — — 3

d. Tischler-Arbeit.

23. 1 Stubenthür pro □' 1'' stark . . . . — 4. -
               1¼ '' . . . . — 5. -
       Zargen dazu □' . . . . — 2. 6
       Bekleidung □' 2½'' breit . . . . — 7. 6
           3'' breit . . . . — 10. -
           4'' breit . . . . — 15. -

24. 1 Fenster incl. Holz und Zargen □' . . . . — 5. -
       Bekleidung dazu . . . . — 5. -
                        — 7. 6
                        — 10. -
       Fensterbrett im massivem Gebäude à □' 1¼'' stark . — 4. -
                     1'' '' . . — 3. -

25. Oelfarbenanstrich, braun oder weiß, pro □' doppelt gestrichen . — 1. 3

e. Schlosser-Arbeit.

26. 1 Lukenthür mit 2 Mauerhaken, Bändern, Klinke, Klinkhaken beschlagen . . . . — 25. -

f. Dachdecker-Arbeit.

Thl. Sgr. Pfg.

27. Pro □R. zu decken, 47 Bd. Stroh c. 20 Pfd. incl. Dachforst,
    Bindeweiden und Dachstöcke. . . . .   — 22. 6
    Pro l. F. Dachforst werden Arbeitslohn gerechnet . — 1. 3
28. 1 Mille Dachsteine umzudecken incl. Kalkleisten . . . . . 1. 10. -

g. Materialien.

29. Kalk. Pro Schacht-Ruthe Ziegelmauer . . . . 12 C.' Kalk
    1 □R. Fachwerke . . . . 6 C.' „
    1 □R. auszufugen . . . . 1 C.' „
    1 □R. zu berappen . . . . 2½ C.' „
    1 Mille Dachsteine umzudecken . . . . 3 C.' „
    100 Firststeine . . . . 5 C.' „
    1 Tonne = 12 Cub. kostet . . . . 2. — -
30. 1 Schacht-Rthe scharfen Mauersand zu liefern . . . . . 1. 15. -
31. Anfuhr von 1 Mille Mauersteine circa . . . . 4. — -
32.   do.   Dachsteine circa . . . . 3. — -

Termi

Der anfänglichen Absicht entgegen, wird ein Terminkalender beigefügt, d

---

Detail.

 1. Erhebungslisten über Nebeneinnahmen aller Art des verflossenen Jahres (abgeschloss
    am 20. Decbr.) . . . .
 2. Diäten-Nachweisung der Forstbeamten für Forstgerichtstaxe des vorigen Jahres .
 3. Forststraflisten des verflossenen Monats in duplo . . . .
 4. Holzbestands-Nachweisung des vorigen Jahres . . . .
 5. Nachweisung. 1. über die Schlußsummen der Naturalrechnung . . . .
            2. die für Staatsbauten aufgekommenen Gelder und Nebenkosten (letzte
            getrennt) . . . .
            3. Die Differenz der wirklichen und etatsmäßigen Einnahme für Holz
 6. Vergleichs-Verhandlung des Solleinnahmebuchs mit dem Kassen-Manual . . .
 7. Die Natural-Rechnung nebst Belägen muß fertig liegen . . . .
 8. Listen über freihändige Holz-Nebennutzungs-Verkäufe, nebst Anzeige der zu verei
    nahmenden Wildpretsgelder . . . .
 9. Aeußerung über die auf dem Revier sich aufhaltenden Forst-Candidaten . . . .
10. Grenz-Rapporte der Förster . . . .
11. Verzeichniß der Holzverkaufstermine für die 2 folgenden Monate . . . . . .
12. Holz-Quartal-Extract pro IV. Quartal und Vorquartal (resp. ohne und mit den B
    lägen) . . . .
13. Bau-Nachweisung für das folgende Jahr. a. Bauten incl. Holz bis 50 Thlr. . .
            b. Bauten incl. Holz über 50 Thlr. . .
14. Anzeige der Darrverwalter über das zu den Culturen disponible Saamenquantum
15. Anmeldung der Jägerlehrlinge bei der Inspection der Jäger und Schützen . . . .
16. Wald-Insectenbericht nebst Probesammlung . . . .
17. Nachweisung der unter der Taxe an Arme abgegebenen Stock- und Reiserhölzer u
    Haidemiethefreizettel . . . .
18. Holz-Quartal-Extract pro I. Quartal nebst Belägen . . . .
19. Weidemiethe-Nachweisung
20. Bericht, ob die Haidemiethesätze beizubehalten sind, oder nicht . . . .
21. Nachweisung des Bestands und Bedarfs der Druckformulare für das folgende Jah
22. Uebersicht der Material-Abnutzung (Final-Abschluß) des verflossenen Jahres nebst Co
    trolbuch C. . . . .
23. Verpachtungs-Protokoll über Wiesen und Gräserei . . . .
24. Die Prospecte zum Hauungs- und Culturplan für das nächste Jahr sind bereit
    halten und 8 Tage nach der Bereihung im Mundo und Concept einzureichen .
25. Vorschläge zu den Holztaxen für das nächste Jahr nebst Licit.-Durchschnitts-Prei
    Berechnung des verflossenen Jahres. Jahresnachweisung der Licitationsdur
    schnittspreise . . . .

lender

örtlichen Verhältnissen und Bedürfnissen nach mehrfach abzuändern sein wird.

	Februar.	März.	April.	Mai.	Juni.	Juli.	August.	September.	October.	November.	December.	Einzureichen
.	.	.	.	.	.	.	.	.	.	.	.	der vorgesetzten Behörde.
.	.	.	.	.	.	.	.	.	.	.	.	do.
.	10	10	10	10	10	10	10	10	10	10	10	dem Forstrichter.
.	.	.	.	.	.	.	.	.	.	.	.	
.	.	.	.	.	.	.	.	.	.	.	.	dem Rendanten.
25	.	29—31	.	.	28—30	.	.	28—30	.	.	.	dem Rendanten.
30	.	.	.	.	.	.	.	.	.	.	.	
.	30	30	30	30	30	30	30	30	30	30	30	dem Rendanten.
.	.	.	.	.	.	.	.	.	.	.	.	der vorgesetzten Behörde.
.	.	.	1	.	.	1	.	.	1	.	.	dem Oberförster.
.	1	.	1	.	1	.	1	.	1	.	1	Forst = Calculatur.
.	6	.	.	.	.	.	.	.	.	.	.	der vorgesetzten Behörde.
.	.	1	.	.	.	.	.	.	.	.	.	do.
.	.	1	.	.	.	.	.	.	.	.	.	do.
.	.	1	.	.	.	.	.	.	.	.	.	Insp. d. Jäger u. Schützen.
.	.	15	.	.	.	.	.	.	.	20	.	der vorgesetzten Behörde.
.	.	.	1	.	.	.	.	.	.	.	.	do.
.	.	.	1	.	.	.	.	.	.	.	.	do.
.	.	.	1	.	.	.	.	.	.	.	.	do.
.	.	.	15	.	.	.	.	.	.	.	.	do.
.	.	.	1	.	.	.	.	.	.	.	.	do.
.	.	.	.	15	.	.	.	.	.	.	.	do.
.	.	.	.	15	.	.	.	.	.	.	.	do.
.	.	.	.	.	1	.	.	.	.	.	.	do.
.	.	.	.	.	1	.	.	.	.	.	.	do.

Detail.

Januar.	Februar.	März.	April.	Mai.	Juni.	Juli.	August.	September.	October.	November.	December.	Einzureichen
·	·	·	·	·	15	·	·	·	·	·	·	der vorgesetzten Behörde.
·	·	·	·	·	·	8	·	·	·	·	·	do.
·	·	·	·	·	·	15	·	·	·	·	·	do.
·	·	·	·	·	·	·	1	·	·	·	·	do.
·	·	·	·	·	·	·	1	·	·	·	·	do.
·	·	·	·	·	·	·	1	·	·	·	·	do.
·	·	·	·	·	·	·	·	1	·	·	·	do.
·	·	·	·	·	·	·	·	·	1	·	·	do.
·	·	·	·	·	·	·	·	·	1	·	·	do.
·	·	·	·	·	·	·	·	·	1	·	·	dem Rendanten.
·	·	·	·	·	·	·	·	·	1	·	·	der vorgesetzten Behörde.
·	·	·	·	·	·	·	·	·	1	·	·	do.
·	·	·	·	·	·	·	·	·	1	·	·	do.
·	·	·	·	·	·	·	·	·	1	·	·	do.
·	·	·	·	·	·	·	·	·	8	·	·	do.
·	·	·	·	·	·	·	·	·	15	·	·	do.
·	·	·	·	·	·	·	·	·	20	·	·	dem Rendanten.
·	·	·	·	·	·	·	·	·	·	15	·	der vorgesetzten Behörde.
·	·	·	·	·	·	·	·	·	·	15	·	Kreisbaubeamten.
·	·	·	·	·	·	·	·	·	·	·	1	der vorgesetzten Behörde.
·	·	·	·	·	·	·	·	·	·	·	1	do.
·	·	·	·	·	·	·	·	·	·	·	1	do.
·	·	·	·	·	·	·	·	·	·	·	1	do.
·	·	·	·	·	·	·	·	·	·	·	1	do.
·	·	·	·	·	·	·	·	·	·	·	5	do.
·	·	·	·	·	·	·	·	·	·	·	15	do.
·	·	·	·	·	·	·	·	·	·	·	15	do.
·	·	·	·	·	·	·	·	·	·	·	15	do.
·	·	·	·	·	·	·	·	·	·	·	31	do.
·	·	·	·	·	·	·	·	·	·	·	31	do.
·	·	·	·	·	·	·	·	·	·	·	31	do.
·	·	·	·	·	·	·	·	·	·	·	15	do.
·	·	·	·	·	·	·	·	·	·	·	1	do.

Nachträge.

Seite 70 Zum Original der Natural-Rechnung ist in den Preuß. Staatsforsten ein Stempel von 15 Sgr. vom Oberförster zu verwenden. —

Beim Deputatholz der Forstbeamten wird das Maximum ante lineam vermerkt. Nur zur Natural-Rechnung kommt der Rechnungsbelag über Cultur-hölzer; in der Cultur-Rechnung wird hierauf verwiesen.

„ **17** Zum Höhenmessen der Bäume ist das König'sche Meßbrett zu verwenden, und nachstehende von Dr. Hartig in Neustadt-Eberswalde erfundene Meßinstrumente dienen zum Höhen- und Stärke-Messen der Bäume

1. die Großkluppe in Stockform
2. die Kleinkluppe
3. Der Zollstock als Höhenmesser. — Als Stärkemesser für Höhenpunkte der Bäume dienen
4. der Meßzirkel
5. Meßtrichter
6. das Fernrohr
7. das Mikrometerrohr.

Außerdem empfiehlt Herr Dr. Hartig den Elevationsmesser (Verbindung des Zollstocks mit dem Krückstock) die Instrumente ad 4. 7 verlangen die genaue Messung der Entfernung vom Fußpunkt des Baumes, was im koupirten Terrain und bei Unterholz oft schwer zu bewirken ist.

„ **74** Statt des vereinten Bau- und Brennholz-Versteigerungs-Protokolls kann man auch getrennte Bau- und Brennholz-Versteigerungs-Protokolle wählen mit nachstehendem Kopf, in welchem die Klassen des Bauholzes und die Sortimente des Brennholzes nebeneinander stehen, wodurch die Aufstellung von Wiederholungen vermieden wird. Selbstverständlich werden die pag. 72. 73 aufgeführten Bedingungen vorgeheftet. Der Titel lautet:

Tabelle

zum

Bau- und Nutzholz-Versteigerungs-Protokoll

d. d. den ᵗᵉⁿ 18

Nummer			Anzahl der			Dimensionen der Stücke		Cubik-Inhalt	Holzarten und Sortimente nach den Taxwerthsätzen incl. Nebenkosten für die Maß-Einheit				Taxwerth.	Taxwerth incl. Nebenkosten für das ganze Loos	Kaufpreis	Der Käufer		
des Holzverabfolge-zettels	der Loose	des Holzes	Stücke	Schocke	Klafter	Länge	Mittlere Stärke	Cubik-Inhalt	à	Thl	Sgr	Pfg		Thl Sgr Pfg	Thl Sgr Pfg	Namen	Wohnort	Unterschrift

Der Titel lautet:

Tabelle
zum
Brennholz-Versteigerungs-Protokoll.

d. d. den   ten   18

Bruch

No. des Holzverabfolge-zettels	No. der Loose	Forstbelauf	Jagen	No. des Holzes	Inhalt der Loose																				Kiefern					
					Scheit	Ast I.	Knüppel II.	Stock	Knüppel Reisig	Reisig	Scheit	Ast I.	Knüppel II.	Stock	Knüppel Reisig	Reisig	Scheit	Ast I.	Knüppel II.	Stock	Knüppel Reisig	Reisig	Scheit	Ast I.	Knüppel II.	Stock	Knüppel Reisig	Reisig

Taxwerth incl. aller Neben=kosten						Meistgebot						Der Käufer		
pro Einheit			im Ganzen			pro Einheit			im Ganzen			Namen	Wohnort	Unterschrift
Thlr.	Sgr.	Pf.	Thlr.	Sgr.	Pf.	Thlr.	Sgr.	Pf.	Thlr.	Sgr.	Pf.			

Seite 131 132 Den vorstehend aufgeführten Holz-Versteigerungs-Protokollen entsprechend, benutzt man statt der pag. 131. 132 aufgeführten Bau- und Brennholz-Abzählungs-Tabellen nachstehende, wovon bei letzteren die Sortimente (Scheit, Ast 2c.) neben einander stehen. Es hängt in Bezug auf Fassung der Holz-Versteigerungs-Protokolle und Formulare zu Holz-Abzähl.-Tabellen viel von der Gewohnheit ab. Der Titel lautet:

Abzählungs-Tabelle
zum
Bau- und Nutzholz.

Wirthschaftsjahr
Oberförsterei
Belauf
Jagen und Abtheilung
No. des Hauungsplanes

No. der Hölzer	Benennung der Holzgattung und Sortimente	Anzahl		Cubisch zu berechnen				No. des Verabfolgungs=Zettels.	Datum der erfolgten Anweisung	Rückerlohn	Bemerkung.
		Stück	Schock	Länge	Durch=messer		Inhalt	Klaftern			
					Mitte	Zopf					
				Fuß	Zoll		Cubikfuß			Sgr.	

Der Titel lautet:

Abzählungs-Tabelle

über

Brennholz

Wirthschaftsjahr
Oberförsterei
Belauf
Jagen und Abtheilung
No. des Hauungsplanes

No. des Holzes	Holz-art	Sortiment							No. des Holzverabfolge-Zettels	Datum der Anweisung	Rückerlohn	Der Empfänger		Bemer-kungen.
		Scheite	Ast I.	Knüppel II.	Stock	gebustes Reisig	Reisig unge-putzt				Sgr.	Namen	Wohnort	
		Klaftern												

N.

0.

S.

Zeichen-Erklärung.

Periode.

1. 2. 3. 4. 5.

Weg

I. | II. | III. IV. | V. | VI. | I^{ter} Umtrieb
I. | II. | III. IV. | V. | VI. | II^{ter} d?

über 100   81–100   61–80   41–60   21–40   1–20

Jahre.

Grünw

von Neumühl

19.   ac

von Neumühl
B
e   r   Rusticat   Land.
von Herzberg
A
a
von Grünwald.

Karte
zum
Wirthschaftsplan für den Forst
des Rittergutes Grünwald.
Maaſsstab 1 : 25,000.
W.
Försterei.
Brandhorster Feld.
c
a.
I
b
21.
V a.
20.
b.
II
d
b.
IV
V

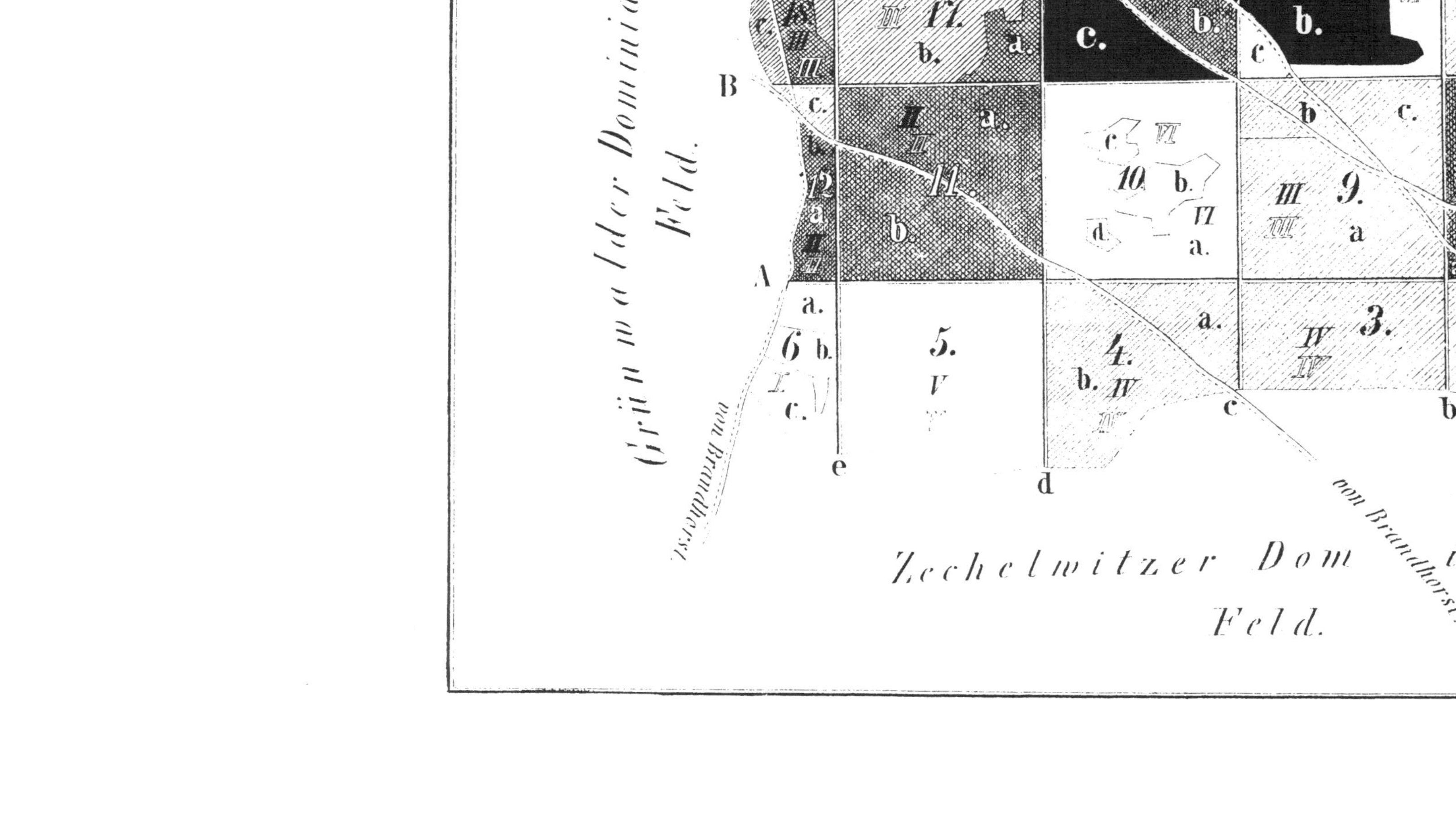

Grünwalder Dominia Feld.
Zechelwitzer Dom i Feld.
von Brandhorst.
von Brandhorst.
B
A